经典科学系列

可怕的科学
HORRIBLE SCIENCE
鏖战飞行
THE FIGHT FOR FLIGHT

[英]尼克·阿诺德/著　[英]托尼·德·索雷斯/绘　那晓丹/译

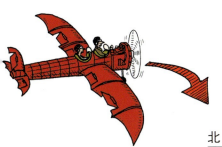

北京出版集团

北京少年儿童出版社

著作权合同登记号

图字:01-2011-4725

Text © Nick Arnold 2004,

Illustrations © Tony De Saulles 2004

Cover illustration reproduced by permission of Scholastic Ltd.

图书在版编目(CIP)数据

鏖战飞行 /〔英〕阿诺德著;〔英〕索雷斯绘;那晓丹译 . —北京:北京少年儿童出版社,2013.1(2024.10重印)
(可怕的科学·经典科学系列)

书名原文:The Fight for Flight

ISBN 978-7-5301-3299-9

Ⅰ.①鏖… Ⅱ.①阿… ②索… ③那… Ⅲ.①飞机—技术史—世界—少年读物 Ⅳ.①V271-091

中国版本图书馆 CIP 数据核字(2012)第 258384 号

可怕的科学·经典科学系列

鏖战飞行
AOZHAN FEIXING

〔英〕尼克·阿诺德 著

〔英〕托尼·德·索雷斯 绘

那晓丹 译

*

北 京 出 版 集 团
北 京 少 年 儿 童 出 版 社 出版
(北京北三环中路6号)
邮政编码:100120
网 址:www . bph . com . cn
北 京 少 年 儿 童 出 版 社 发 行
新 华 书 店 经 销
三河市天润建兴印务有限公司印刷

*

787 毫米×1092 毫米 16 开本 9.75 印张 115 千字
2013 年 1 月第 1 版 2024 年 10 月第 38 次印刷
ISBN 978 - 7 - 5301 - 3299 - 9
定价:29.00 元
如有印装质量问题,由本社负责调换
质量监督电话:010 - 58572171

目 录

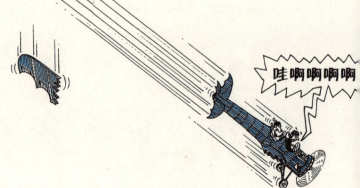

哇啊啊啊啊

引 子

　　人原本是不会飞的。但人类就是这样，一旦发现哪件事做不了，就开始尝试做这件事。这就是为什么下面这个脑子不怎么灵光的家伙会认为，他可以凭借一对靠不住的、自己编织的翅膀飞上天……

　　没错，他摔惨了，但在这本书里，像他一样的家伙多得是。这本书之所以叫《鏖战飞行》，是因为它讲述了人们为圆飞天梦想而拼搏奋斗的血泪史，你将在其中发现数百个家伙是如何走上这条不归之路的。

　　打算接着往下读了？很好，请想象一下，我们将要坐飞机出去旅行，请找个舒适的姿势，听我好好给你讲讲这次旅行的航线。我们即将起飞，纵览飞行是怎么回事儿；接着巡航，经过傻不棱登、猛扇翅膀的疯癫类鸟人和脑子缺根弦的气球人；最后升至高空，见证比飞机还飞机的飞行器和摄人心魄的直升机。接下来，我们会回到地面，畅想未来的飞行命运。随后，你会发现，你开始对飞行这件事儿有更多

的思考，甚至会想航空旅行究竟是不是件好事儿。

马上就要起航了，首先，还是请恐怖航空公司的空姐给你讲讲安全注意事项……

本书中的部分情节阴森恐怖、骇人听闻，请随时准备好呕吐袋！

另附一条安全警告

本书仅用于阅读，不应用作……

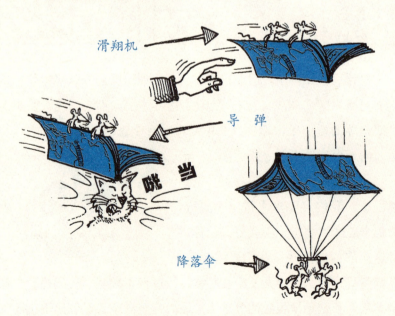

虽然本书涉及部分科学知识，但成堆的笑话起到了很好的缓冲作用，保证不会对你的大脑造成过大损伤。

再附一条安全警告

模仿书中的疯子行为和愚蠢的特技表演是十分糟糕的想法。是的，只有傻帽儿才会站在1 000米高空的飞机翅膀上美不滋儿地瞎晃。而对于那些架着对儿羽毛掸子从高楼上一跃而下的事儿……只有鸟的脑子才想得出来。

只要你遵守上述注意事项，就可以继续阅读本书了。其间，你可能会忍不住喷饭——但这完全正常。事实上，这些笑话已经在老师身上试验过了，尽管他们上了年纪，但他们还是非常可信的。（那些笑话也是！）

好了，谢谢你的耐心倾听……我们现在就要起飞了。所以，请系好安全带，翻到下一页，马上我们就要升空了……

可怕之旅开始喽！

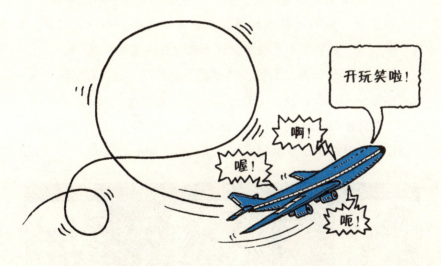

挑战死亡的飞行真相

　　本章要说的全都是关于飞机为什么会飞，为什么不会像没熟的煎饼一样从空中摔下来的事儿。在揭开飞机能够一飞冲天的秘密之前，让我们先体验一下飞行是什么感觉。

日期：今天
时间：傍晚
地点：世界上任意一座机场

　　马上就要起飞了。你乘坐的飞机就像准备助跑的跳高选手一样，在跑道上蓄势待发。

　　你感觉如何？忐忑不安？紧张？只有那么丁丁点儿害怕？飞机真能飞吗？你对此有点儿担心。或者它会从空中一头栽下去。砰！啪！一下就完蛋了？像飞机这么重的东西怎么可能飞呢？

　　除了隆隆作响的发动机，一切都静悄悄的。这声音越来越大，直到你紧张得牙齿打战。飞机开始动了。发动机震颤着，咆哮着，突然，飞机开始向前冲。你发现跑道在急速后退——一切都变得越来越模糊，就在这半梦半醒之间，飞机已经冲上云霄了。

　　地面开始向下沉，耳朵开始发胀，飞机则飞向翻滚的云彩。顷刻间，你发现自己已经高入云端，从飞机上向下看，地面就像一张

地图。夜晚深邃的夜空中，孤星闪烁……

是的——飞行的滋味妙不可言！当你飞起来时，可以看到好多平常看不到的景象。比如说……

▶ 云端。

▶ 云顶光芒万丈的太阳。

如果你真的很幸运的话，你还能看到……

▶ 一天中的第二次日落。（如果你是在日落后起飞的，那么太阳会在你越飞越高时再次出现。）

▶ 大地的阴影。（日落后，你会看到云端以东出现大地弯弯曲曲的影子。）

但是，最奇妙的还是脚下腾空的感觉。除了飞机的地板和7 000米高空无形的空气外，空无一物。

简单聊聊高度问题

我希望你不会恐高，因为这本书里有很多让人"怒发冲冠"的高度和令人眩晕的跌落。下面这几个就够你呛的……

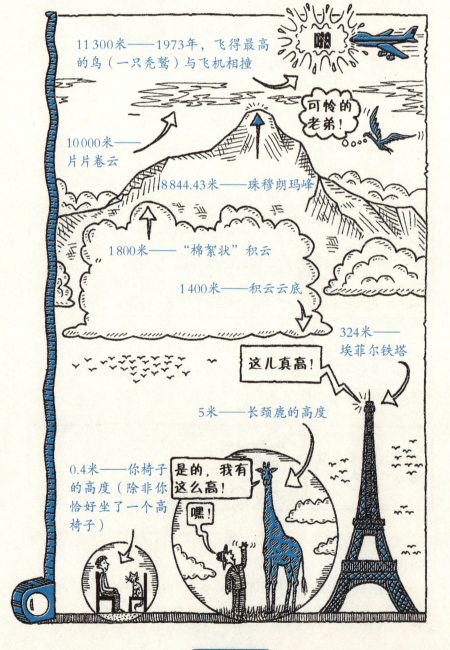

11 300米——1973年，飞得最高的鸟（一只秃鹫）与飞机相撞

可怜的老弟！

10 000米——片片卷云

8 844.43米——珠穆朗玛峰

1 800米——"棉絮状"积云

1 400米——积云云底

324米——埃菲尔铁塔

这儿真高！

5米——长颈鹿的高度

0.4米——你椅子的高度（除非你恰好坐了一个高椅子）

是的，我有这么高！

嘿！

飞这么高真是让人又害怕又刺激。为了寻求这种刺激，有人丧了命，有人摔断了腿，有人对小猫小狗做出了可怕的事情。在我们面对这些耸人听闻的事实之前，还是先对飞机是怎么飞的一探究竟……

"飞机怎么飞"速成班

我们请聪明的科学家拉奇博士和旺达·怀造了架飞机……

现在，我们需要请一位勇敢无畏的飞行员，给我们讲讲飞机是怎么飞的……有人主动请缨吗？好吧，我们刚刚听说，有一位来自纽约的缺钱的酒鬼神探，愿意为了钱赴汤蹈火，在所不辞……

魔鬼对话

有一位科学家说……

你会说……

我研究的是阻力科学。

我上科学课阻力也很大！

答案

你要是那么说的话，科学家可能会拖着你满实验室转！阻力指的是空气撞击到在空气中飞行的物体时，对这一物体施加的力。它会影响飞机和鸟儿的飞行，还能让从你老师的晾衣绳上吹下来的大花裤衩慢点儿落地。而且，一个物体飞得越快，阻力就越想让它慢下来。

但是，能把飞机拉到空中的神奇的"升力"又是什么呢？要弄懂什么是升力，我们需要知道，空气是由无数细小的原子团——分子组成的。它们随时随地都在乱跑乱撞。

唭——哈！

哇——嘿！

哟！

分子们整天都在做什么？

你肯定不知道！

称一下你卧室里空气的重量，你会发现它的重量和你的体重差不多。我们星球上的空气总重超过了50兆亿吨。

现在，让我们来看看运动中的升力。瞧，在福尔摩丝神探飞机的机翼四周，那些空气分子都做了些什么……

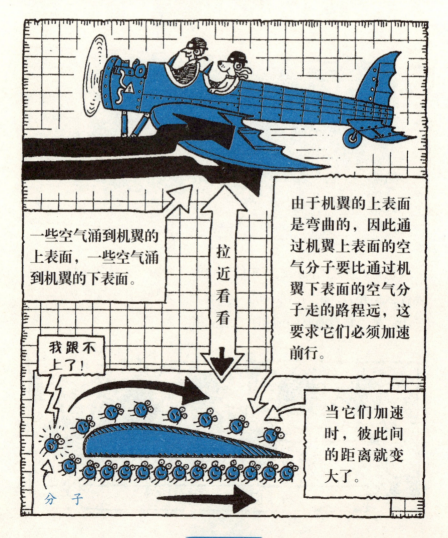

一些空气涌到机翼的上表面，一些空气涌到机翼的下表面。

拉近看看

由于机翼的上表面是弯曲的，因此通过机翼上表面的空气分子要比通过机翼下表面的空气分子走的路程远，这要求它们必须加速前行。

我跟不上了！

当它们加速时，彼此间的距离就变大了。

分子

机翼上表面的空气压力比下表面的空气压力小。猜对了——是机翼下表面的空气压力把机翼（和飞机）抬了起来！是的，世界上的所有飞机要待在空中，都要靠这小小的空气分子！

啾——都搞明白了吗？其实这很容易记：你被飞机带到了空中，飞机被机翼带到了空中。现在做个小测验，让你的神采也跟着"飞扬"吧……

机翼上弯下平的形状，我们称之为翼型。下面这3种东西中，哪两个属于翼型呢？

a）跳台滑雪者的身体

b）飞起来的蛋黄派

c）回旋镖

答案

a）是。跳台滑雪者在飞行的过程中身体会向前倾，形成类似翼型的形状。这能让他们在空中停留更长的时间。

b）不是。不要为了找出答案，向你的小妹妹撇蛋黄派。

c）是。回旋镖的翼型能让它以160千米每小时的速度在空中滑行。

你肯定不知道！

澳大利亚的原住民曾用回旋镖来狩猎。回旋镖的边很薄，用起来很方便，能把动物尸体的皮割开，将美味的心脏、肾脏和肝脏取出来。

当然，飞机只有有了翅膀才能升空。你能想象出飞机正飞着呢，翅膀却突然掉下来了会怎么样？不过，只有福尔摩丝和忠犬"花生"碰到过这种事……

飞机没了翅膀，就没了升力，福尔摩丝和“花生”不得不跳机逃生了。当他们跌落时，只有阻力能让他们慢下来——不过幸运的是，他们带着降落伞呢。降落伞打开后，亿万个空气分子便被困在其中，极大地增加了阻力，将他们下落的速度降了下来。所以他们做了个漂亮的软着陆……

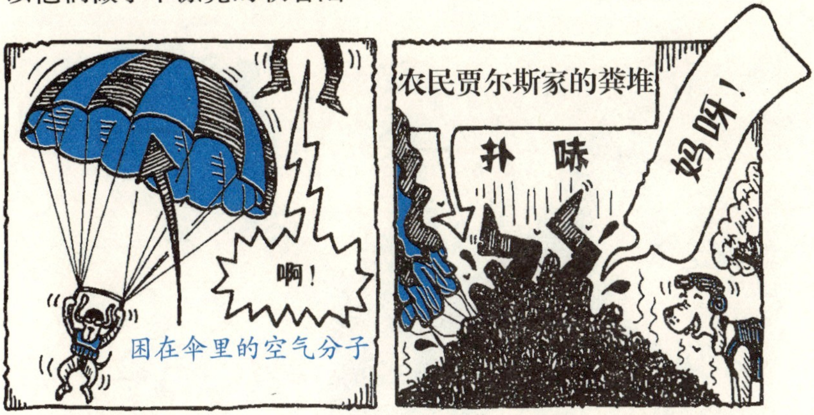

是不是又长见识又逗乐子？嗯……我在想福尔摩丝的呕吐物最终落到哪儿了？

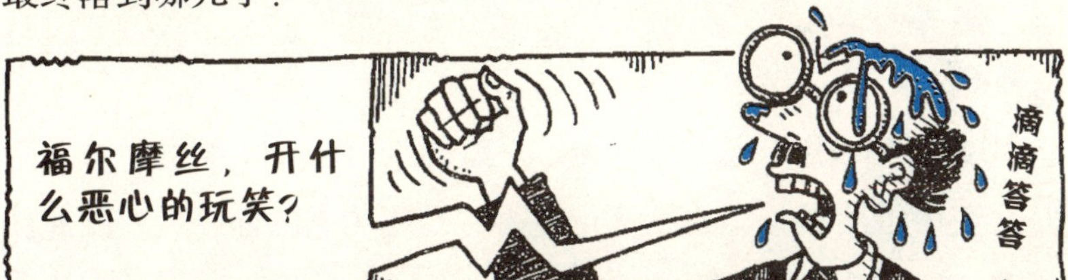

我猜你现在肯定已经等不及，想自己造一架比教授和旺达·怀做得还棒的飞机——直接翻到第105页就行了。但首先你要多了解点儿与之相关的技术知识，让我们从两个简单的实验开始吧……

有胆你就试……感受阻力

你需要：

▶ 两张大小一样的纸（不要用科学作业本中的纸，更不要从这本书上撕纸）

做法：

1. 把其中的一张纸揉成团。（我警告过你不要用科学作业本的！）

2. 一只手拿一张纸，将纸抬得越高越好……

3. 多丢几次……

你会发现：

揉成团的那张纸总是先着地，平整的纸可能会左摇右晃地下降或是从空中滑落。平整的纸落得更慢，是因为它的面积大，因此就有更多的空气分子从反面推着它。

有胆你就试……制作飞碟

你需要:

▶ 一个聚会或者野餐时用的塑料盘子(扔之前最好先确定盘子上没粘着蛋黄派)

▶ 8枚1分钱的硬币(你也可以向父母要8枚1元钱的硬币,它们虽然对本实验无益,但却可以买到更多的东西)

▶ 胶带

▶ 剪刀(外加一名愿意帮着剪东西的大人)

做法:

1. 如图,用胶带把硬币粘在盘子的边上。

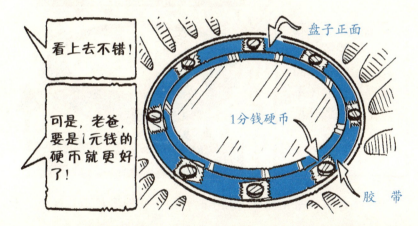

2. 练习倒着扔盘子。(是将盘子扣倒过来拿,而不是让你倒立!)你只需轻抖手腕,把盘子抛出去就行。要是投的话就不好使了。

3. 将盘子正面朝上抛出去试试。

严重安全警告

你制作的飞碟最适合在室内飞行，使用时请务必远离家中珍贵的瓷器、你的兄弟姐妹以及宠物们。

你会发现：

1. 当你倒扣着抛盘子时，它会在空气中顺利滑行。如果不是这样，抛的时候可以再柔和点儿。当盘子倒过来时，它的形状是翼型，飞行的时候很像一种著名的玩具——飞碟。

翼型把盘子托起来，就像福尔摩丝所坐的飞机的机翼一样。（不过是在机翼还没掉下来前！）

2. 当你将盘子正面朝上抛出时，由于它的形状不是翼型，于是就一头栽下去了。

飞碟并非唯一能滑翔的东西——海鸥等鸟类也能滑翔。（翻到第67页你就知道了。）鸟类之所以擅长滑翔和飞翔，因为它们的翅膀是翼型的。现在，我们以鸽子为例来解释一下它们和飞机的相似之处……

注意有鸟出没

1. 鸟的翅膀

我的脑袋虽然不够聪明，但是我的翅膀很棒！

可提供升力的翼型翅膀

羽毛轻而强健

初级飞羽

鸟类和飞机不同，我们需要扇翅膀才能飞。所以我向前飞时需要上下拍打翅膀。

再见了，满身鱼腥味的家伙！

你肯定不知道！

1. 传说在公元前1500年，波斯王凯·卡乌斯曾将老鹰绑在自己的王冠上飞到了中国。原来，他把羊肉挂在了鹰抓不到的矛上，而老鹰为了吃到羊肉，就不停地往前飞。可惜到了中国后，老鹰美餐了一顿，可怜的国王在返回途中被困在了沙漠里。

2. 但这并没有阻挡美国巴尔的摩的一位发明家的脚步。1865年，他想造一架用老鹰做动力的飞行机器。他本以为可以用缰绳控制老鹰飞行的方向，没承想当老鹰发现远处的地面上趴着一只美味的兔子时，它们完全不听使唤了……

嘘——我要告诉你一个秘密！所有想像鸟一样扇动翅膀飞行的发明，最终都一败涂地，有些甚至丢了小命。听起来有点儿吓人，不过有小道消息称，下一章全是关于这些发明的内容。好吧，至少里面还有降落伞！

类鸟人和降落伞

你有过想变成一只鸟的莫名冲动吗？

我也没有——我是说，我甚至连鸟食也不喜欢！但这大概就是人类飞行故事的起源——人们看到了鸟，就渴望像鸟一样自由自在地在空中翱翔。他们诉说着飞人的故事，让我们来听听这些尘封往事……

嗯，灰可能太多了点儿。

逃离克利特岛

代达罗斯是古希腊著名的工匠，但他遇到了一个问题。他被困在了克利特岛，岛上的米诺斯国王很坏，不让他和他的儿子伊卡洛斯离岛。"国王陛下，请问您还想要什么？"代达罗斯喃喃地说，"我已经设计了一个迷宫，用来关押那半人半牛的怪物。现在我想回家！"

"哈哈，那你要先学会飞哦。"冷酷的国王讥笑道。

代达罗斯灵性顿悟，用羽毛和蜡秘密地造了两对翅膀——一对儿给他的儿子伊卡洛斯，一对给他自己。

"现在，我的儿子，"代达罗斯说道，"这两对翅膀是我们离开这里的通行证。只是有一个问题——蜡很容易熔化，所以飞的时候不要离太阳太近。"

"我不会的！"伊卡洛斯信誓旦旦地说。

一天早上，在米诺斯国王的人还未能阻止他们之前，这两位勇士就从悬崖处起飞了，并飞越了大海。

"哇！太酷了！"伊卡洛斯像海鸥般嗖地一下掠过波浪，并笑着说道。他们飞呀飞，但是伊卡洛斯忘记了自己曾经说的话，开始越飞越高，直到离太阳很近。太阳的热量将蜡熔化，蜡开始一滴滴地从翅膀上往下滴。代达罗斯还没来得及赶过来救他，伊卡洛斯的翅膀就散架了。

随着一声惨叫，伊卡洛斯像袋土豆一样从空中栽了下去。

啊啊啊啊啊——扑通！他一下子掉到了深海里，而这就是他的结局。代达罗斯飞回了希腊，但他的余生深深沉浸在丧子之痛中。他也再没飞过……

快乐的帽子戏法

传说，在中国上古时期，舜的爸爸因为不喜欢舜如此得人心，就把他锁了起来。舜伪装成一只鸟并成功地逃脱了，但他那可怕的爸爸又把他抓了回来。男孩第二次逃脱了。这次他伪装成一条龙……现在，如果你问我，我会说，当时的守卫一定都睡着了。我是说，如果一只大鸟从你鼻子底下跳过去，你难道不会察觉吗？如果一条满身鳞片的巨龙从你鼻子底下蜿蜒滑过，你难道不会想再看两眼吗？无论如何，舜的爸爸对他儿子的演技并不太感冒，并决定将计就计。

所以，他把可怜的舜锁在了高塔上，然后放了一把火。他那卑鄙的父亲想当然地认为，这次能做舜鸟肉汤喝了（还有龙肉汤）。但是，舜还留了一招……

他抓着两顶大斗笠当作翅膀，勇敢地从塔上跳了下去，安然无恙地飘到了地面。这之后，毫无悬念地，舜成了中国的五帝之一，而他父亲……嗯，传说到此就打住了，但我希望他痛不欲生。

斗笠可能太小了，没法像降落伞一样让下落中的舜减速。但假设斗笠超级大的话，那么，降落伞很可能是古代中国人发明出来的！

代达罗斯的故事很可能是假的，别信以为真。接下来，鸽子老兄会告诉我们，人类为什么不能像鸟一样展翅飞翔……

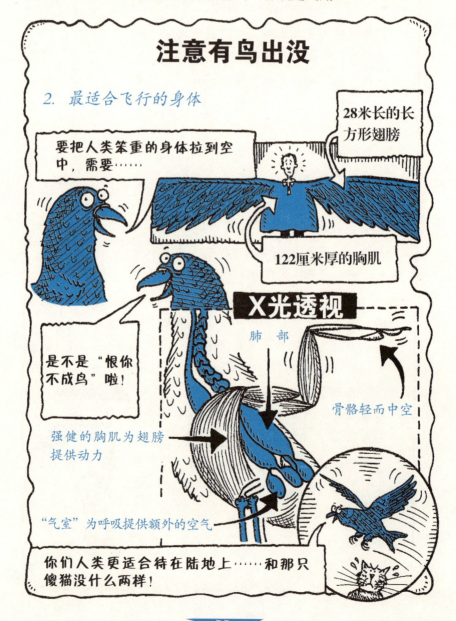

如果这本书在 1000 年前就出版了，你即将在本书中认识的那些人可能已经读了前面的那些内容，然后就会决定把他们的翅膀扔了。但仔细一想，他们确实笨透了，一门心思地要往下跳……

"羽毛翅膀四壮士"

1. 布拉杜德

时间：公元前 863 年。

正职：英国国王（据传说），在雅典受过教育，创建了英国第一所大学（如果是他发明了学校，那他确实是实至名归）。

飞行机器：羽毛翅膀。

亡命一跳：从塔顶纵身跳下。

自食恶果：啪叽！摔成了人肉馅饼。

2. 马姆斯伯里的奥利弗

时间：1029 年。

正职：英国修道士。

飞行机器：羽毛翅膀。

亡命一跳：从马姆斯伯里修道院塔顶纵身一跳。

自食恶果：摔断双腿。古里古怪的奥利弗却将失败归咎于本应该在他摔得稀烂的屁股上再插上羽毛尾巴的。

3. 乔瓦尼·巴蒂斯·但丁

时间：1503 年。

正职：意大利数学家。

飞行机器：羽毛翅膀。

亡命一跳：刚开始，他滑过一个湖面，毫发无损。于是，为了庆祝滑翔成功，他从佩鲁贾大教堂跳了下来。

自食恶果：重伤。

本应该专心干我的正事儿的！

4. 马奎斯·贝克威尔

时间：1742 年。

正职：法国贵族。

飞行机器：胳膊和腿上绑翅膀。

亡命一跳：试图飞越巴黎塞纳河。

自食恶果：撞到洗衣妇又脏又旧的驳船上，摔断了双腿。

这位脑子进水的法国贵族，人称……

啊！我要进河了！

勇气可嘉的轻度疯子。

我？我可不是有点儿疯，我是超级大疯子！

对其他人你也可以这么说，不过我没有时间给你讲其他"跳塔一族"的故事了。"答案到底是什么？"我听到你大喊了一句。好吧，他们本可以把自己绑在巨型风筝上的……

魔鬼飞行档案

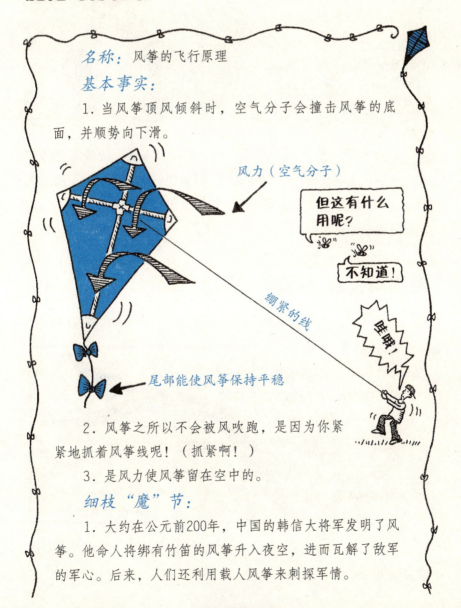

名称：风筝的飞行原理

基本事实：

1. 当风筝顶风倾斜时，空气分子会撞击风筝的底面，并顺势向下滑。

风力（空气分子）

但这有什么用呢？

不知道！

绷紧的线

哎哟！

尾部能使风筝保持平稳

2. 风筝之所以不会被风吹跑，是因为你紧紧地抓着风筝线呢！（抓紧啊！）

3. 是风力使风筝留在空中的。

细枝"魔"节：

1. 大约在公元前200年，中国的韩信大将军发明了风筝。他命人将绑有竹笛的风筝升入夜空，进而瓦解了敌军的军心。后来，人们还利用载人风筝来刺探军情。

2. 据意大利旅行家马可·波罗说，当时的人们会把用风筝刺探敌情这种危险的活儿交给呆子和醉汉。有时，它也被作为一种惩罚的方式。希望你的"老古董"老师不会这么惩罚你！

我想她已经知道错了，老师！

但是，对于本章出现的那些妄图凭人力飞上天的榆木脑袋来说，风筝完全不在他们的考虑之列，因为他们认为风筝无须借助人力，又十分脆弱。于是，有些人便幻想造出更复杂的机器——他们的脑袋比榆木还硬……

最愚蠢人力飞行器大奖赛

本次飞行器大奖赛的奖金是免费医疗。（你迟早会需要的！）

1号参赛作品：卢纳蒂·德·格鲁夫发明的呼啦啦降落伞综合飞行器

国籍：比利时

时间：1874年

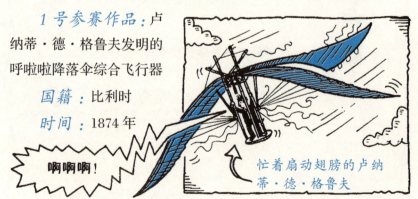

啊啊啊！

忙着扇动翅膀的卢纳蒂·德·格鲁夫

优点：这项发明最初在比利时是当降落伞用的。但可惜的是，扇来扇去的翅膀根本起不了作用。

缺点：在随后的伦敦试验中以失败告终。架子散了，机器也彻底报废了，可怜的格鲁夫更是英勇就义了。

裁判点评：机器不够结实，无法胜任飞行。我宁愿坐在爆破了的放屁坐垫上被弹来弹去，也不愿意坐那玩意儿上天。

2 号参赛作品：达·芬奇发明的扇扇飞行器

国籍：意大利

时间：约 1500 年

好！很好！好的！非常好！……不要啊！

地　面

优点：这东西在达先生的画本上还颇有些美感，他毕竟是位伟大的画家嘛。

缺点：如果有人造了它之后还想用它飞起来的话，那他会发现有点儿力不从心——扇翅膀的活儿不轻啊！

裁判点评：用来锻炼身体不错。

3 号参赛作品：雅各布·德根的扑腾气球飞行器

国籍：瑞士

时间：1809 年

优点：该机器是挂在热气球下的，所以即使翅膀不管用也能飞。

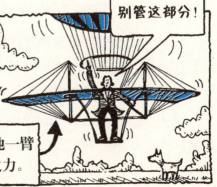

别管这部分！

他觉得加上翅膀能够助他一臂之力——哦不，是一翅之力。

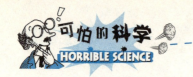
缺点：翅膀不管用。

裁判点评：呃！这台机器太丢脸了——用热气球助飞是舞弊行为！德根被取消参赛资格，就这么挂了——哦，等等，他已经挂在气球上了。

你肯定不知道！

德根的发明惹怒了一部分巴黎人，他们觉得德根的发明不能算是堂堂正正的飞行器，并将狡猾的德根逐出了巴黎。

4号参赛作品：
W. O. 艾尔博士发明的螺旋桨踏板飞物

国籍：美国

时间：1885 年

来点儿云彩装装样子

优点：当小孩子的爬梯或者床架还不错。要很努力地踩脚蹬，使管子注满空气，才能驱动螺旋桨转动——所以是强身健体的好东西。

缺点：人人都会笑话你。

裁判点评：螺旋桨永远动力不足，顶多能吊起一只仓鼠，但也配获得此次大赛的第二名了。再笨一点儿就能问鼎冠军了……但也说不准！

5号参赛作品：
让·皮埃尔·布兰查德发明的风帆踏板呼扇飞行器

国籍： 法国
时间： 1781 年

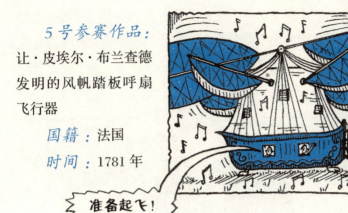

准备起飞！

优点： 配备了一名演奏疗伤乐的乐师，帮助旅客消除恐惧心理。保证绝对安全。（因为它太沉了，根本没法离地！）

缺点： 见优点。尤其是解释无法飞行的那部分。

裁判点评：

冠军！轻松获得历史上最怪飞行器奖——居然还配有飞行娱乐设施！

靠人力飞行听上去就是件不靠谱的事儿，对吧？事实也确实如此……

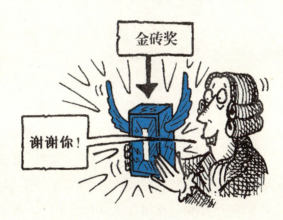

金砖奖

谢谢你！

直到 20 世纪 70 年代，科学家制造出能飞的人力飞行器之前，情况的确如此。但在这之前，关于飞行的故事还有很多很多，所以你必须要撑到第135页才能知道结局。不能偷看哦！

与此同时，跳塔的人继续他们的孤注一"跳"，造飞机的人也继续捣鼓奇思"疯"想。而更多时候，他们没有因此丧命的唯一原因在于，他们造的翅膀偶尔可以像舜的帽子一样——当降落伞用。可惜这对可怜的格鲁夫并没奏效。

很明显，降落伞对于所有大无畏的飞行者来说都是一项"必杀技"——但到底是谁发明了降落伞呢？尽管科学家们为此争得脸红脖子粗，但这个问题仍像个烫手的山芋……

艰苦奋斗之降落伞篇

1485 年　达·芬奇设计了一项降落伞，但并没有完成测试。会有人愿意报名参加测试吗？

1779 年　约瑟夫·蒙特哥菲尔制作了一项降落伞，并将它绑在一只羊的身上，然后将它们一起从塔顶扔下，对降落伞进行测试。羊安全落地了，这就是我说的"卷毛跳伞员"。

1785 年　我们的老伙计让·皮埃尔·布兰查德将一只小狗系在降落伞上，并把它从空中的热气球上扔了下去。（可别在家里做这个实验。）小狗什么事儿也没有，不过等你读到第 47 页会发现，布兰查德自己却成了倒霉的"落水狗"。

1808 年　波兰热气球飞行家约达基·库帕伦托，在热气球起火后仓促逃生，而他也是因降落伞获救的第一人。

早期的降落伞其实并不像上面说的那么好，它们有时也会掉链子。现在，我那个貌似善良的朋友包老实想要送些东西给你。呃，你最好小心点儿——对他说的话还是持怀疑态度比较稳妥……甚至是严重的怀疑态度。

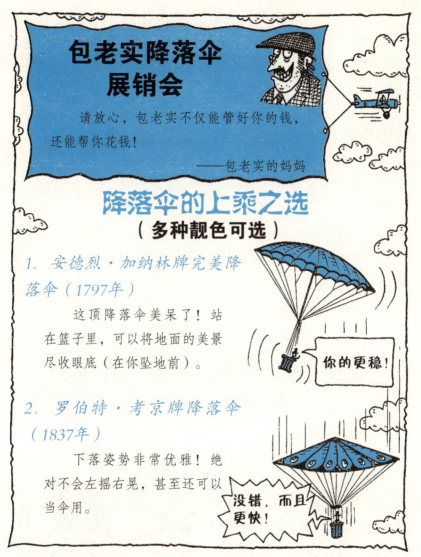

包老实降落伞
展销会

请放心，包老实不仅能管好你的钱，还能帮你花钱！

——包老实的妈妈

降落伞的上乘之选
（多种靓色可选）

1. 安德烈·加纳林牌完美降落伞（1797年）

这顶降落伞美呆了！站在篮子里，可以将地面的美景尽收眼底（在你坠地前）。

你的更稳！

2. 罗伯特·考京牌降落伞（1837年）

下落姿势非常优雅！绝对不会左摇右晃，甚至还可以当伞用。

没错，而且更快！

包老实漏掉的几件事

1. 加纳林牌降落伞在风中晃得非常厉害。每次飞的时候都来回地晃，这让加纳林感到很恶心……但至少他活了下来，不像……

2. 罗伯特·考京："我从没这么舒服过。"61岁的艺术家在降落伞破裂、坠地身亡前这么说。

你说什么？你觉得你的老师、小狗、弟弟或者妹妹会喜欢跳伞？虽然还没问过他们，可你觉得他们纵身一跳时肯定会喜欢这个想法……？好吧，我觉得你还是应该先看看他们跳伞时到底是个什么样子……

有胆你就试……说服你的老师尝试跳伞

你需要：

▶ 尺子

▶ 圆珠笔、纸

▶ 剪刀（还有那个在前面的实验中帮你剪纸的成年人——希望他没伤得太重）

▶ 纸巾（约32厘米×32厘米）

▶ 蓝丁胶

▶ 线

▶ 胶带

▶ 回形针

做法：

1. 剪一张4.5厘米长、2厘米宽的纸。如图所示，将纸折起来，并在纸的两边画上你的老师。

2. 剪一段80厘米长的线。对折剪开，每段40厘米长。

3. 将一段线穿入回形针。如图所示，并把线头粘在纸巾上。

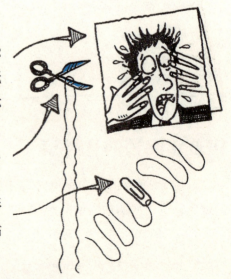

4. 用另外一段线重复第三步。

5. 确保回形针位于所穿过的线的一半处，并用一团蓝丁胶将线固定在回形针上。

6. 把纸巾放在桌上，回形针位于纸巾下。如图所示，从纸巾上裁下4个斜边为7厘米长的角。

7. 如图所示，粘上胶带。将胶带的边折到纸巾的背面。

8. 用圆珠笔尖在胶带中心的交叉点轻轻戳一个直径大约0.5厘米的洞。

9. 将画有老师的那张纸夹在回形针上。

10. 现在好戏开始了。将你的老师从高处扔下去！不，不是真的老师啦！

你会发现：

降落伞下降时左摇右晃，就像加纳林的降落伞一样，这是因为被困在伞下的空气想要逃走并向周围推挤。而伞顶的小洞让空气得以流出，从而防止伞晃动得太厉害——这就是现代降落伞在伞顶开洞的原因……

好了，降落伞的工作原理就讲到这儿……那跳伞究竟是什么感觉呢？1935年，美国陆军航空队的科学家哈里·阿姆斯特朗就跳了一次，并问了自己这个令人不安的问题。他的感受如何呢？

我的跳伞日记

作者：哈里·阿姆斯特朗

当时我坐在飞机上，又害怕又兴奋……好吧，主要是害怕，有机会我真的应该先去趟厕所。奇怪的是，我吓得要死，连飞机发动机的声音都听不到。它还在转，是吧？我紧张得直发抖，希望大家能理解啊。

好的，就是这了——我来到了670米的高空。就要跳了……祝我好运！

啊啊啊啊啊啊啊啊……

我以190千米每小时的速度下落，从头到脚抖个不停。我想我还是闭上眼睛为好。哦——好奇怪啊，轻松多了——我想我要一直闭着眼睛……嗯——可是，要是我在睁开眼睛之前撞到地面怎么办呢？呀！不会等我醒来的时候发现自己已经死了吧！嗯，我最好还是睁开眼睛。我在579米的高空，地面在向我接近。呃，哈啰，大地！降落伞的开降绳在哪儿啊？哦，不！那是我的鞋带……

听到哈里顺利着陆的消息,你一定大声欢呼了。但下面这个故事中的女孩似乎就没那么幸运了。我之所以要讲这个真实而可怕的故事,主要有 3 个理由……

▶ 这的确很激动人心;

▶ 这是第一次有人用降落伞救人;

▶ 你会发现,这种飞行器在下一章的疯狂内容中将成为主角。

每日新闻

1908年

多利英雄救"梅"

勇敢的特技跳伞员多利·谢泼德和她的朋友路易·梅昨日上演了有惊无险的一幕。她们挂在 7 000 米高空的热气球上,可糟糕的是,路易的降落伞打不开了。

英勇的多利(她曾经做过服务员,并立志成为一名蒙眼神枪手)勇敢地挣扎着将她的朋友解脱了出来。

帮助路易解脱后,两个女孩用多利的降落伞完成了跳伞。但由于她们坠落的速度过快,结果多利的背部受了伤。当多利从病床上坐起时,她说:"晃得实在是太厉害了——尤其是落地的时候。哎哟!我可怜的背!我的跌打损伤膏呢?"

多利·谢泼德

读到下面的内容你一定会高兴得跳起来：4 年后，多利发现太多与跳伞相关的惊险特技可能会让自己丢了性命，所以她决定放弃跳伞。最后她一直活到了耄耋之年，享年 97 岁。

那么，你知道我们接下来要谈的是什么飞行器了吗？没有？哼！好吧，给你点儿提示：它又大又圆，里面充满了热的空气或某些特殊气体（有时还会漏气），还可能很危险……

你说的是教科学的斯诺德格拉斯老师！

不对！是气球——继续读吧。下一章会把你带到一个崭新的高度……

疯狂的气球

气球（本书中专指用作航空器的气球——编者注）在空中静静地滑过是一道十分优美的风景——但要坐在气球里飞行，那离美可远了去了。接下来，我们将和一群充满好奇心且疯癫无度的"气球人"一起上天，还会被一阵载着魔鬼数据的大风吹跑……呃，你认为你真的能安全地读完这一章吗？

艰苦奋斗之气球飞行篇

1670 年，意大利的一名牧师弗朗西斯科·德拉纳想了一个绝妙的计划：从高空取一些很轻的空气，并将它们灌到铜球中，再用铜球把飞行器吊起来。可怎样才能搞到那些空气呢（没人能肯定它是否真的存在）？不如先造一架飞行机器吧。可还没有空气呢，怎么办？

我的计划就是这么泡汤的……

1709 年，巴西的一名牧师劳伦斯·德·古斯芒向葡萄牙国王进献了一个用火加热空气从而上升到空中的热气球。结果，它在上升的过程中一头撞在墙上燃烧起来，火势蔓延了整个皇宫。最终，人们扑灭了大火，但奇怪的是，国王身上的火却没被及时扑灭，害得他差点儿成了烤皇帝。

1755 年，法国的一名牧师约瑟夫·加里恩（顺便问一句，为什么牧师总对热气球情有独钟呢？）建议造一架 1 千米长的德拉

纳式飞行器。他的上司因此给他放了一个非常长的假期。像这种"神圣的"旨意，我是可以接受的……

小读者们请注意：

想出一个科学疯点子，并不能保证你可以放一个又长又美的假期……但你可以试试！

与此同时，一对并不是牧师的兄弟要给大家带来一个惊人的、近乎疯狂的大突破……

有兄弟的读者请注意：

飞行界很多惊人的发现都出自兄弟之手。嗯，正如人们所说的"人多力量大"。这个理由很不错，但不要麻烦你的兄弟做太多邪恶的实验。

一缕青烟

我们上次看见约瑟夫·蒙特哥菲尔的时候，他还站在塔顶往下扔羊呢。这项爱好其实无伤大雅——乔（约瑟夫的小名）和他的弟弟雅克其实是以造纸谋生的。我希望他们有很多……纸。1782年的一天，约瑟夫注意到自家烟囱上飘出的火星和烟灰……好吧，电视上看不到这些，因为当时电视还没发明出来呢。

看到火生成的热气能让火星和烟灰升空，约瑟夫便想用纸袋子灌满热空气，看它能不能也升起来。女房东得知他的想法后建议他用呕吐袋，因为呕吐袋不容易燃烧，结果纸袋子一直升到了屋顶。（顺便说一下，不要在你家里点火、放飞纸袋子——这种事稍不留神就会引起火灾，除非你喜欢吃牢饭，吃到你再也不会对社会造成威胁为止。）

不管怎样，约瑟夫的这个实验让他们兄弟俩后来造出了更大、飞得也更高的模型……

你肯定不知道！

蒙特哥菲尔兄弟认为，他们的气球是由于使用了某种未知的、比普通空气更轻的气体才升上天的。事实果真如此吗？等你读到第42页就知道了。顺便说一句，蒙特哥菲尔兄弟曾经想用烧垃圾的法子制造这种气体……

臭烘烘的破鞋子

腐烂的肉

稻草

这都是"气"惹的祸

蒙特哥菲尔兄弟闻到了胜利的味道（其中还夹杂着很多臭味）。接着，他们将组织人类历史上第一次带乘客的天空飞行。

我们就是喜羊羊、美鸭鸭、乐鸡鸡！

没错，飞行器的第一批乘客竟然是农场里的动物！而且，据"可怕的科学"全球独家报道称，动物们在飞行期间一直嘎嘎、咩咩、咯咯地叫着。本次飞行还要感谢法国国王路易十六……

国 王

1783年9月14日，对于我的凡尔赛宫来说是伟大的一天。大大的黄蓝双色气球下面挂了一个笼子。我本想仔细看看那团火，但它的味道太臭了。呸！他们烧的是什么？不管怎样，当气球在天空中越升越高时，我们都欢呼了起来。

小公鸡

真是伟大的一天，对于我们家禽来说，这可是我们第一次不用翅膀就飞了起来！我认为，这对于一只公鸡而言，绝对是个"鸡"励！美中不足的是，那只脑子里长毛的绵羊在我们落到3.2千米以外的森林时踢了我一脚。

绵 羊

咩！那只笨鸡一直在啄我的腿。吱哇乱叫的可不是我，而是那只胆小的鸡！

小 鸭

我只是一只小鸭，我知道什么呢？但是就我个人而言，我认为它俩都不是省油的灯。我是说，如果它们想飞，为什么它们不干脆扇动自己的翅膀呢？我就可以！

疯狂气球测试

1. 国王给了蒙特哥菲尔兄弟什么奖励？

a）赏了他们一个气球形状的蛋糕

b）赏了他们一块金牌

c）因为他们把皇宫弄得臭气熏天，所以命人将他们锁在监狱里，强迫他们闻臭袜子的味道

2. 喜羊羊得到了什么奖励？

a）被做成了香喷喷的羊肉锅

b）用它的毛给皇帝做了一件痒痒内裤

c）在皇家动物园安家

答案

1. b）。

2. c）这比路易十六自己的下场好多了，他在1793年被砍了头。

你肯定不知道！

科学家让-弗朗索瓦·皮拉特·德·罗齐尔和马奎斯·德阿兰德斯主动要求乘坐蒙特哥菲尔兄弟制作的气球飞行。尽管他们确实把气球给点着了，还不得不用湿海绵把火扑灭，不过他们成功升空了。他们二人在飞行的过程中吵个不停，因为马奎斯只顾欣赏风景，却忘了往臭火堆里添加稻草了。

这一切让法国科学家们恼羞成怒，因为这么大的突破并非由伟大的科学家创造，而出自一对造纸兄弟之手。所以，法国科学院要

求雅克·查理发明一架科学飞行仪器，而他确实做到了——氢气球。接下来发生了什么呢？查理的气球是就此飞了起来，还是像——呃——铅球一样掉了下去呢？

知道结果之前，让我们先看看气球是怎样工作的。既然是气球，就一定离不开"气"，不过它与呼气和吸气没有任何关系，唯一有关系的是"气"的密度……

魔鬼对话

一位科学家说……

你太实诚了，飞不起来……

你会说……

事实上，我很机灵。

答案

如果你那么说，科学家一定会认为你是个大笨蛋。她的意思是，你的身体比同等体积的空气要重——你太重了，飞不起来。

但这个想法很酷……

现在，假设你身体的密度比空气的密度要小。如果你的体重不超过5克，大约和一块糖差不多重，你就真的可以飘起来了！你可以飘浮在空气中，而不是游泳池中；你可以在空中跳跃，而不是在

高空跳水！当你行走在空气中时，你会感觉十分畅快……除非你一屁股坐在了大头针上，砰的一声裂开了，或是像开了口的气球一样跑气儿了，嗖嗖地四处乱跑，并发出粗鲁的叫声。

无论如何，当气球充满了氢气或者热空气时，密度就要比周围的空气小。这意味着气球可以像洗澡时屁股"打嗝"后放出的泡泡一样飞起来……

现代热气球

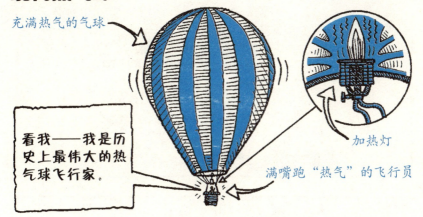

充满热气的气球

加热灯

满嘴跑"热气"的飞行员

看我——我是历史上最伟大的热气球飞行家。

加热灯能加热空气。热量赋予空气分子更多的能量，让它们跑得更快、更远。于是，它们碰撞气球的内壁，让气球鼓起来。

温暖的感觉太好了！

是啊，让我们冲吧、撞吧！

要想让气球降下来，只需关掉加热灯就行了。当空气冷却下来，所占的空间也变小了。于是，有更多的冷空气会进入气球里边，使气球变重、下沉。道理很简单，是不是？

接下来是氢气球

氢气球更为复杂一点儿，但幸运的是，我们将看到的是飞行中的氢气球。

拉奇博士和旺达·怀为他们做的飞机几近惨败而感到羞愧不已。这之后，他们造了一只气球，福尔摩丝为了让它飞起来花了不少钱……

气球里充满了氢气。氢气比空气的密度小，所以气球能升起来。

放气阀（用于把氢气放出来）

压舱物（沙袋），可以防止气球升得过快

祝你好运，福尔摩丝！

福尔摩丝把压舱物扔了下去，气球变轻，这让它升得……

啊！

哦！

福尔摩丝打开放气阀，气球的升力变小，所以气球应该下降。

呃——阀门堵住了！

午夜时分……

该死，我看不见了……幸好，我带了几根火柴

不要啊，福尔摩丝！氢气与空气混合时极易燃烧……

砰

哦，天啊。我们的英雄是不是变成福尔摩丝烤肉了？忠犬"花生"是不是变成热狗了？一切答案将在第98页揭晓。现在，让我们回头看看雅克·查理，他还在忙着发明氢气球呢……

你肯定不知道!

早在查理之前，就有一些科学家突发奇想，考虑使用氢气做气球了，但是他们想不出用什么法子把氢气灌进去。苏格兰科学家约瑟夫·布莱克曾经想过往一整张牛皮里灌满氢气，但他始终没有得手。也许是他自己太不牛了。

事实上，查理的氢气球中隐藏了一个"柔软的"秘密……

雅克·查理的绝密计划

雅克·查理

仅供本人阅读——尤其要防着那对笨手笨脚、上蹿下跳的蒙特哥菲尔兄弟……

我的计划就是选择质量很轻的丝绸作为材料，并用巴黎罗伯特兄弟*制造的橡胶作为内衬。橡胶可以防止氢气外泄。

*是的，又是兄弟！

　　成千上万的人前来观看气球的放飞仪式，科学家派出荷枪实弹的守卫看守他的发明，不让众人靠近。不幸的是，当无人驾驶气球在村庄附近着陆时，周围却没有守卫，一群受惊的农民和他们的狗把气球撕了个粉碎。这对于恼火的发明者来说也算是有惊无喜了。

　　12月12日，查理和他的朋友诺尔·罗伯特乘坐另一只气球从巴黎出发，更多的人前来为他们送行。这让查理十分激动，他欢呼道……

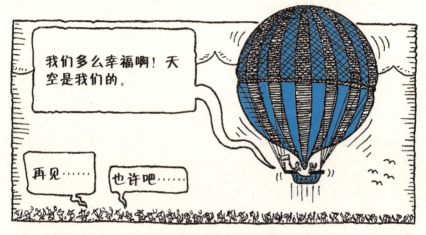

我们多么幸福啊！天空是我们的。

再见……　　也许吧……

　　让他们始料不及的是，越往上升，气温越低。在飞了43千米后，罗伯特退出了。气球变得更轻，升到了2743米，全身发冷的查理冻得要死，但他确实成为了世界第一个在一天中看到两次日落的人……

我看到了凉、凉、"凉"次日落，这景色太冻、冻、"冻"人了！

　　当时，全欧洲都在为气球疯狂。对于经验尚浅的飞行者来说，有什么比飞越英法之间的英吉利海峡更具挑战性呢？比赛开始了。

1784年6月，英国人詹姆斯·萨德勒和法国人皮拉特·德·罗齐尔都将海峡之旅提上了日程。但是，最先开始着手的是让·皮埃尔·布兰查德……现在，我们知道那时还没有收音机，但是如果有的话，我打赌电台一定会对此次飞行做现场直播，直播可能是这样的……（为什么不找一个朋友把下面这部分大声读出来呢？这样，你就可以闭上眼睛，想象你就在现场！）

跌宕起伏的人生

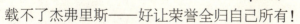

嗨，大家好！欢迎来到多佛……我是今天的评论员迈克……正如我所说的，勇敢的气球飞行员让·皮埃尔·布兰查德和他的乘客约翰·杰弗里斯博士就要乘坐气球飞越英吉利海峡了。但是事情进展得不太顺利。我们后来听说，两名飞行员之间发生了争吵，起因是布兰查德系了一条厚厚的腰带被抓个正着。这个飞天佬实在太卑鄙了，他企图假装气球太重了，载不了杰弗里斯——好让荣誉全归自己所有！

还好，现在他们已经起飞了！他们慢慢上升——气球上有食物和科学仪器，还有动物膀胱（当气球在海上降落时，可以用动物膀胱浮起来）。他们甚至收到了地球上的第一封航空信……

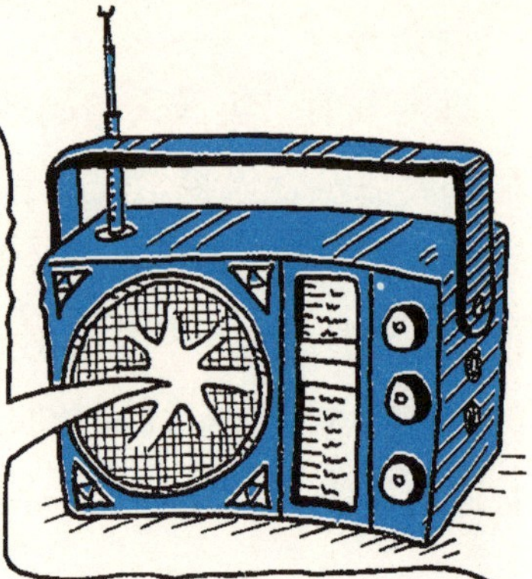

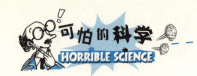

哦，不！由于布兰查德给气球放了太多气，他们就要掉到海里了。他们开始向外扔东西，其中包括食物、水和科学仪器，好让气球变得轻一些。现在，布兰查德把他带来的、用来控制气球的、一无是处的船桨和螺旋桨也扔出去了。两名气球飞行员能逃过这一劫吗？

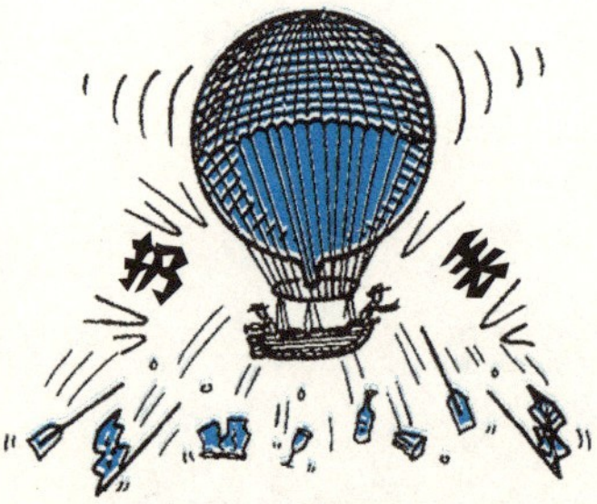

能！他们已经开始上升——但是他们能成功吗？不，他们再次下降了！现在看起来，他们正在争吵！哦，我的天，他们正在脱衣服！是的，布兰查德已经把裤子扔了。他们的身上只剩下内裤了，看起来没什么指望了——他们甚至把那瓶白兰地也给扔了。但是他们还在下降。

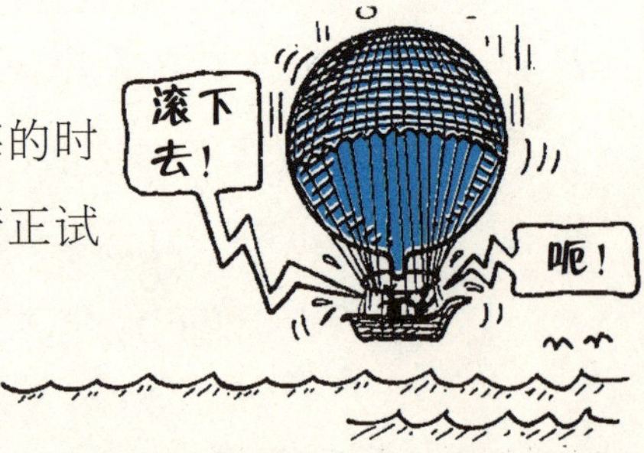

在他们即将落入大海的时候，布兰查德和杰弗里斯正试图将对方丢出去！

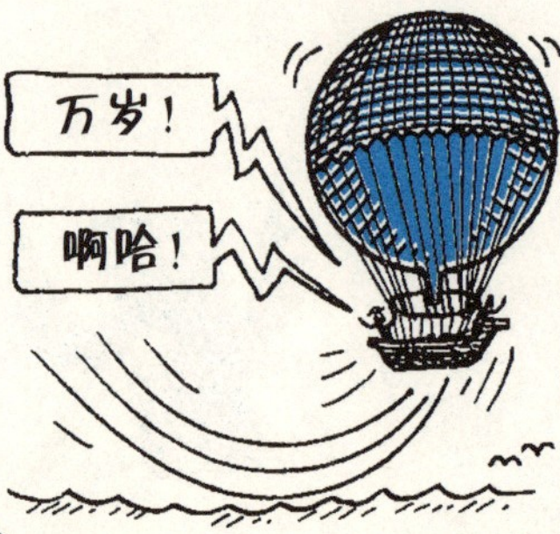

一切都结束了吗？没有！他们再次向上升了。这简直太难以置信了——他们要成功了！多不容易啊！这就是我说的跌宕起伏——或者说是上下翻腾的享受？

哦，不，他们要落到森林里了——他们可能会撞到树上！别看这恶心的一幕——他们正在往动物膀胱里尿尿，然后把它们扔出去，让气球变轻点儿。希望它们不会掉到路过的农民身上！

好吧，这下可以放心了——他们飞过了森林。

他们着陆了。人群沸腾了，气球飞行员们穿着内裤接受了人们的列队欢呼！这看起来简直像个内裤派对！现在回到播音室吧！

这就是世界上第一封航空邮件。不幸的是，布兰查德于1809年在他的气球上因突发心脏病去世，听到这个消息你肯定会心碎的。

疯狂"气球人"

乘气球飞行能让最感性的人展现出最疯狂的一面。而对于傻帽来说，嗯，这样的飞行会让他们疯过头的。下面的测验就是根据一个疯得不轻的气球人的故事改编的……

傻帽卢纳蒂的冒险之旅

人物介绍：

乔治·比金——一位大号绅士，其实是个肥仔

卢纳蒂的宠物

文森特·卢纳蒂——意大利气球飞行员

1. 卢纳蒂承诺要让比金乘他的气球飞行。但是这个大胖子太重了，卢纳蒂更想带上自己的宠物猫、狗和鸽子……还有什么呢？

a）很多食物和酒

b）他收藏的花园精灵

2. 飞行过程中，大家都想看看卢纳蒂，结果如何呢？

a）他杀了一个女人，救了一个罪犯的命

b）22 000 人因为脖子僵硬去看医生

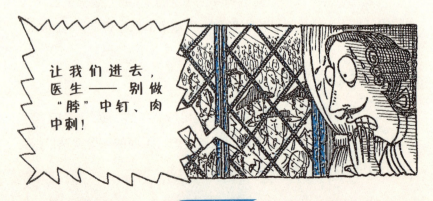

让我们进去，医生——别做"脖"中钉、肉中刺！

3. 在飞行过程中，卢纳蒂的猫感冒了，他是怎么治疗的？

a）他给他的猫喂鸽子吃

b）他把猫扔了出去……然后飞走了

好吧，确切地说，这不能叫着陆……

喵！

答案

1. a）卢纳蒂喜欢午餐时喝点儿小酒。

2. a）人群中的一个女人惊吓过头，晕倒了。同时，一名罪犯正在受审，但大家都太想看卢纳蒂飞行了，所以他被无罪释放了。

3. b）爱猫人士谴责卢纳蒂太残忍了，竟然置猫的生命于不顾。不过，爱猫人士一致认为，让他自己冒险倒是可以的。

你肯定不知道！

第二年，乔治·比金和比他大两号的朋友莉蒂希娅·塞奇强迫卢纳蒂载他们飞行。塞奇女士一直嘲笑卢纳蒂的午餐，并将他的科学仪器与破烂堆到一起。几个小时后，他们落到一片豆子地里。当地的学生们全都逃课去看热闹了，豆子地的主人却因庄稼被践踏而十分愤怒，追着大伙到处跑。

啊啊啊啊！

男！ 吃！ 吠吩！

如果你认为他们已经很疯狂了,那你真是小巫见大巫了。之后,法国的气球飞行员开始做一些更狂癫的公众特技表演。例如,1817年,莫高特先生坐在一只白色的、名为"可可"的牡鹿背上,乘气球飞越了巴黎上空。

不过,气球也有它可怕的一面——乘坐它十分"危险",危是危险的"危",险是危险的"险"!

可怕的大气袋(一)

尽管布兰查德抢先一步飞越了英吉利海峡,可皮拉特·德·罗齐尔还是想做一次这样的飞行。问题是,他想用混合了热空气和氢气的气球进行这次飞行——还记得当你把火和氢气混合时发生了什么吗?点燃气球时,科学家和他的副驾驶成了历史上第一批空中失事的遇难者。为了纪念他们,这个血腥的场景被印在了一些令人作呕的纪念品上。呕吐袋,要不要来一个?

可怕的大气袋(二)

与此同时,其他科学家正梦想着将气球带到更高的地方,找出空气是如何随着高度变化而变化的。结果他们发现,这超乎想象的危险。接着读,下面的内容会让你的眼睛极度酸痛。

魔鬼飞行档案

空气分子

名称： 空气是如何随着高度变化的

基本事实：

1. 飞得越高，空气分子间的间距就越大，也就是人们常说的空气会变得很"稀薄"。

2. 太稀薄的空气，无法为鸟的翅膀提供升力。1862年，科学家詹姆斯·格莱舍从很高的高度将鸽子从气球上扔下去。那只可怜的鸽子像石头一样一头栽了下去。

3. 气温会直降到零度以下。

细枝"魔"节：

1. 早期的气球飞行员会被冻伤，双手因此变黑。同时，过于稀薄的空气令他们的呼吸变得困难，常常晕倒。

我没想到你会把手套带来……

我也不知道！

头发稀疏

大口呼吸！

空气稀薄

2. 1875年，法国顶级气球飞行员盖斯顿·提桑蒂尔和两名科学家在8 600米的高空晕倒。等提桑蒂尔醒来时，发现其他两名科学家已经因空气不足而窒息死亡了。

乘坐氢气球飞行的另一大危险是，气球到了一定高度就会爆炸。因为随着空气变得越来越稀薄，气球外侧的空气压力也会变小。这样一来，气球里面的氢气便会产生极大的外推力，使气球爆裂。而这样的事在下面这位勇敢无畏的飞行员身上就曾经发生过……

著名的大无畏飞行家档案

姓名：约翰·怀斯

国籍：美国

入行原因：做了很多可怕的

飞行实验。例如：

▶ 将小猫绑在风筝上，然后放飞风筝。

▶ 将小猫绑在降落伞上，并把小猫从窗户扔出去。

尽管小猫都活了下来，但是约翰的邻居禁止他再尝试任何更残忍的实验，于是他决定制作一个热气球。结果，气球在他邻居的屋顶坠毁并引起了火灾。

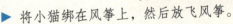

精彩回放：发明了气球的裂瓣。如果风将气球吹得溜地走，你就可以拉动裂瓣，给气球放气。

悲惨回放：1859年，怀斯与几个好友乘气球飞行时，在放气阀下睡着了。他差点儿因吸入氢气而丧命，幸亏他的朋友把他叫醒了，因为他一直打呼噜，吵得大家都烦死了。

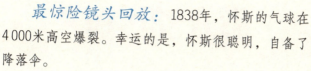

最惊险镜头回放： 1838年，怀斯的气球在4 000米高空爆裂。幸运的是，怀斯很聪明，自备了降落伞。

死亡回放： 1879年，怀斯做了他人生中的第463次气球飞行。这次的气球不是很结实，怀斯担心飞行时会有危险。但他准备冒死飞行，而让随他一起飞行的年轻人留下来，可那个年轻人没有听他的。最终，气球坠入了密歇根湖，两人因此葬身湖底。

你不应该来的……

对，我太傻，太傻了！

现在，你明白了吗？乘坐气球飞行的难度极高，而且极易坠毁，即使在今天，只有在专业人士的手中它们才是安全的。但在19世纪50年代，飞行迷们却认为自己找到了一个超级棒的解决方式。

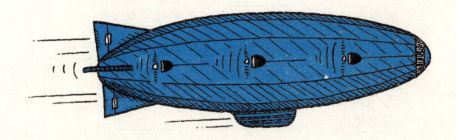

啊啊啊啊啊啊！我看到是什么？是一只巨大的雪茄形状的气球刚刚飘过页面吗？哦，好吧，你最好接着读。口读为实……

傲人的飞艇

哇，真的是一艘飞艇！飞艇是可驾驶的巨型气球，让我们驶向本章的疯狂内容，一窥飞艇的惊天秘密吧！

魔鬼飞行档案

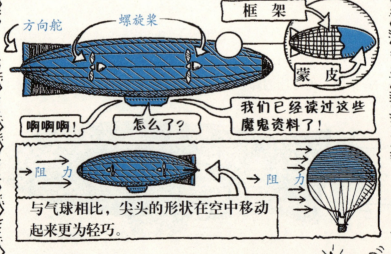

名称： 飞艇

基本事实：

1. 飞艇由装在坚硬的木质或金属框架内的数个气袋组成。飞艇的外部包有布质或金属蒙皮。

2. 飞艇由发动机和螺旋桨驱动，由方向舵控制方向。

3. 与气球相比，飞艇尖头的形状有利于减少阻力。

方向舵　螺旋桨　框架　蒙皮

啊啊啊！　怎么了？　我们已经读过这些魔鬼资料了！

阻力　阻力

与气球相比，尖头的形状在空中移动起来更为轻巧。

细枝"魔"节： 直到20世纪30年代，飞艇里充的还是氢气。你知道的，它非常易燃。所以，猜一猜当厉害的飞艇坠毁时会发生什么呢？

艰苦奋斗之飞艇飞行篇

1852 年 法国人亨利·吉福德在雪茄形状的气球上安装了一台小型发动机。可是由于这台发动机缺乏足够的动力驱动气球，结果气球被吹了回来。

1883 年 盖斯顿·提桑蒂尔（还记得在第 53 页提过他吗）和他的兄弟艾伯特在飞艇上安装了一台小发动机，结果飞艇以小脚老太太般的速度飞到了商店。好吧，反正 4.8 千米每小时的速度也还可以。

1898 年 巴西天才艾伯特·桑托斯–杜蒙建造了他个人的第一艘飞艇，并学习如何飞行。牛人艾伯特超有意思，第 58—60 页写的全是他。

1900 年 退役将军费迪南德·齐柏林建造了他的第一艘飞艇，也称齐柏林飞艇。（不知这个名字是谁起的？）

1915 年 在第一次世界大战中，齐柏林飞艇参与了对伦敦的轰炸行动。伦敦人惊慌失措，但随后他们发现，又大又慢的齐柏林飞艇很容易就可以打下来。接着，轮到德国人惊慌失措，停止使用齐柏林飞艇进行突袭。

1924 年 齐柏林飞艇飞越了大西洋。20 世纪 30 年代，乘坐齐柏林飞艇环游世界是最时髦不过的事情了。

1930 年 英国飞艇 R101 坠毁，48 人遇难。英国人于是抛弃了飞艇。

1937 年 "兴登堡"号——有史以来最大的齐柏林飞艇，在美国坠毁。人类飞艇时代就此告一段落。

你肯定不知道!

1. 早期的飞艇驾驶员一旦遇到飞艇爆炸，都无法善终。1897年，德国人卡尔·沃尔夫特在他的飞艇里成了"烤乳猪"——身体被烧焦了。最后，他还掉到了前来观看试飞的众多大人物中间。

2. 1901年，巴西人奥古斯特·塞韦罗在巴黎重蹈覆辙。一对夫妇还在睡眠中，两具血肉模糊、残缺不全的尸体突然掉到了他们的羽绒被上。

由此可见，开飞艇就像与恐龙共进晚餐一样危险，艾伯特·桑托斯-杜蒙对这一点再明白不过了。现在，就让我们去见见他吧。

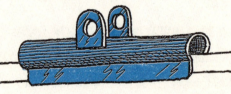

著名的大无畏飞行家档案

姓名: 艾伯特·桑托斯-杜蒙

国籍: 巴西

入行原因: 艾伯特·桑托斯-杜蒙的父亲是位超级有钱的咖啡制造商，这意味着他很有钱，建造和驾驶飞艇只是兴趣使然。他不飞飞艇的时候，就去赛车。一次，他为了测试飞艇发动机的性能，将发动机装在一辆三轮车上，并参加了一场汽车比赛，最后竟一举夺冠!

精彩回放: 1901年10月，艾伯特·桑托斯-杜蒙

参加了巴黎郊区云街的飞行比赛。比赛要求选手绕埃菲尔铁塔一周，并在半小时内回到云街。他比其他参赛选手提前几秒回到了云街，赢得了比赛以及10万法郎奖金。

"我赢得奖金了吗？"艾伯特·桑托斯-杜蒙叫道。

人群沸腾了，大声欢呼道。

"才不是呢。"来自巴黎航空俱乐部脾气暴躁的评审小声抱怨道，因为大无畏飞行家没有及时降下调节绳。就在此刻，提供奖金的富豪商人宣布艾伯特获胜了，否则将不得不面临一场骚乱。获胜的艾伯特用这笔钱救济了许多穷人。

悲惨回放：此次胜利后，艾伯特·桑托斯-杜蒙完成了伦敦和美国之行，但他的飞艇却被暴徒给毁了。

最惊险镜头回放：艾伯特·桑托斯-杜蒙在参加比赛竞争奖金时，发生了多次令人毛骨悚然的飞行事故。例如，他的第一艘飞艇在半空中折了起来，他后来说……

就在飞艇栽下去的时候，艾伯特突然看见两个放风筝的男孩。下落中的他向那两个男孩大声呼喊起来，让他们抓住飞艇的调节绳，然后带着绳子迎风跑。幸运的是，飞艇从风中获得了一些升力，并成功进行了软着陆。

死亡回放：奇怪的是，艾伯特·桑托斯-杜蒙并没有死于飞艇事故——但我要先警告你，结局也不咋地！请把纸巾盒放在你随手能拿到的地方……

巨星陨落

艾伯特·桑托斯-杜蒙是20世纪初世界上最著名的飞行家。当然，必须承认，他也是那个时期世界上唯一的飞行家。

艾伯特曾经帮助一个孩子成为动力飞行器历史上的第一名儿童乘员。1903年的一天，大胆的艾伯特驾驶着飞艇在一座儿童游乐园着陆。在场的所有孩子都央求他让自己乘坐一下飞艇，而所有扫兴的家长却说……

最终，7岁的克拉克森·波特经过死缠烂打，让他的父母屈服了。尽管最后，他只飞了几米高。

后来，当飞机变得越来越流行时，艾伯特就不怎么在行了。尽管他是欧洲驾驶动力飞机的第一人，可他的飞机似乎总是出事。随着年龄的增大，很多人认为他疯了。他住进了精神病院，并幻想着造出一对翅膀，从窗户飞出去。此外，由于飞机在战争中成为了荼毒生灵的武器，他也因此变得十分自责。这是不是很不公平！一天，艾伯特·桑托斯-杜蒙住在巴西圣保罗的一家酒店里，此时正值内战，战场上硝烟弥漫，年迈的飞行家看到一架飞机正在投放炸弹。

"我都做了些什么？"他小声说道。

说完，他起身回到房间里，结束了自己的生命。

齐柏林的决战时刻

当艾伯特结束生命之际，飞艇飘浮的世界已经发生了巨变。齐柏林飞艇是世界上的头号飞艇，但可怕的错误却已经铸成……

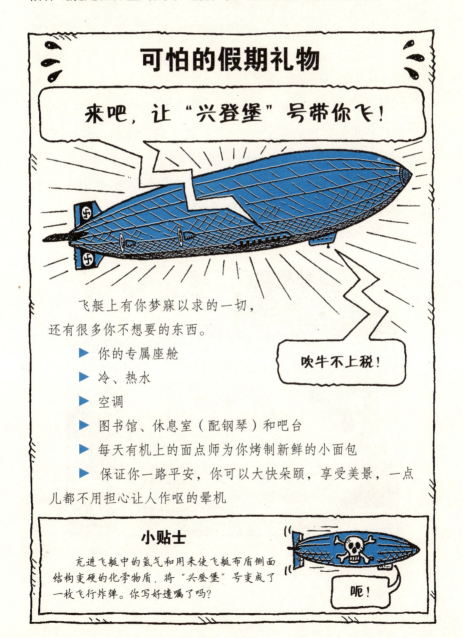

可怕的假期礼物

来吧，让"兴登堡"号带你飞！

飞艇上有你梦寐以求的一切，
还有很多你不想要的东西。

吹牛不上税！

▶ 你的专属座舱

▶ 冷、热水

▶ 空调

▶ 图书馆、休息室（配钢琴）和吧台

▶ 每天有机上的面点师为你烤制新鲜的小面包

▶ 保证你一路平安，你可以大快朵颐，享受美景，一点儿都不用担心让人作呕的晕机

小贴士

充进飞艇中的氢气和用来使飞艇布盾侧面结构变硬的化学物质，将"兴登堡"号变成了一枚飞行炸弹。你写好遗嘱了吗？

呃！

1937 年 5 月 6 日，"兴登堡"号刚刚进入美国新泽西州莱克赫斯特码头，突然，一团火焰蹿出，将飞艇瞬间吞没。巨大的飞艇在不幸的乘客的尖叫声中坠地，40 人不幸遇难，"兴登堡"号因此灰飞烟灭……而这一切只用了 34 秒钟。

情况实在是糟糕透了。一台电影摄影机记录下了飞艇爆炸的瞬间，是由一名当地电台的记者记录下来的。全世界都收到了这个消息——飞艇实在是太不安全了。

事实的确如此吗？其实在 1937 年，人们已经可以用更安全的氦气来代替氢气。如果那样的话，飞艇就不会燃烧了。最终打败飞艇的不是人们对安全的担忧——而是出现了一个短小精悍的对手，它有一对翅膀和一副飕飕作响的螺旋桨。在下一章里，我们将目睹，它是如何从地面上飞起来的……螺旋桨准备转起来喽！

莱特来了，飞机来了

那么，人类是怎么发明出飞机的呢？好吧，这比坐在马桶上茅塞顿开、大喊一声"我知道了"要难点儿。实际上，发明这件事比嚼太妃糖要难多了。本章内容十分残酷，在这里，你会发现为什么莱特兄弟能找对路而其他人却急得直跳脚，或者成了落汤鸡，或者丢了性命……

砸锅发明一大把

早在维多利亚时期（1837—1901年，英国的"黄金时期"——译者注），就有很多发明家梦想着有一天能发明飞行器。问题是，大多数人对影响飞行的各种力知之甚少，所以他们制造的飞机就像茶壶煮饺子一样没用。而这一切并不会妨碍包老实向我们推销它们。警告在先！

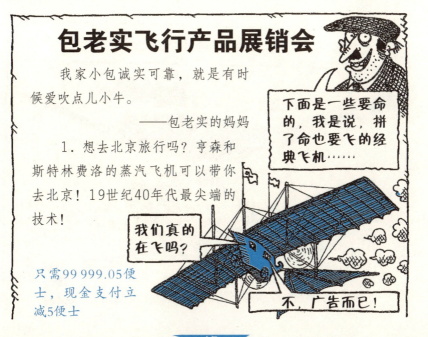

2．如果不买克莱门特·阿德发明的这架蝙蝠翼飞机（1890年），你一定会后悔的。人们都说它是件艺术品——尽管对我来说，它看起来更像个艺术纸飞镖。

只需150 000英镑，外加一点儿隐性消费

他在挥手道别呢，妈妈！

不要太激动了！

3．让海拉姆·马克西姆的怪兽飞机（1894年）开足马力吧。耶，购买这架飞机绝对是明智之选——我是说，老马克西姆发明过机枪和一种捕鼠器，所以我猜他也应该是个飞机通。看，如果你买这架飞机，我将额外赠送一个马克西姆捕鼠器和奶酪。

准备起飞……

清除所有妨碍这项新发明飞起来的重物！

售价299 999.99英镑，走过路过不要错过

4. 不买它你可真是不识货！（好吧，它看起来还真不是一般货色！）这是霍雷肖·菲利普斯发明的多翼飞行装置（1904年）。瞧瞧这些桨叶，多有性格啊！就算它飞不起来，至少你还可以把它放在窗户那儿，挡挡阳光。

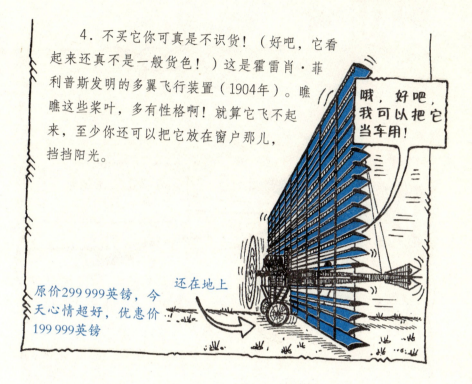

包老实漏掉的几件事

1. 第一架飞机的设计师本人认为它能飞到中国，可事实是它太重了，根本飞不起来。

2. 第二架飞机在 1890 年跳了起来，但只是跳了起来。

3. 第三架飞机在空中轻轻跳了几下，结果还弄断了助跑轨道。

4. 据第四架飞机的发明者说，这架飞机跳了 152 米——没错，事实就是这样。请记住，老霍雷肖是第一个认识到翼型的重要性的人，不过他造了太多的机翼……

这些发明者的想法完全是白日做梦，不过其他飞行迷们还算脚踏实地。他们愿意在建造飞机之前更多地了解飞行这件事本身，所以他们研究鸟类，制造并驾驶滑翔机，借此来学习如何飞行。让我们一路滑翔，飞过去一探究竟……

魔鬼飞行档案

名称：滑翔机

基本事实：

1. 滑翔机是先被拖到空中的。它的机翼可以产生足够的升力用于飞行。滑翔机的机翼很长，从而可以获得尽可能多的升力。

> 够高了，请给我一把剪刀！

2. 滑翔机可以慢慢向下滑，直到滑到地面。如果遇到上升的热气团，也就是上升热气流，它就可以在空中待得更久一些。热岩石的蒸腾过程可以产生热气流；飞机起飞时，跑道上也能产生热气流。

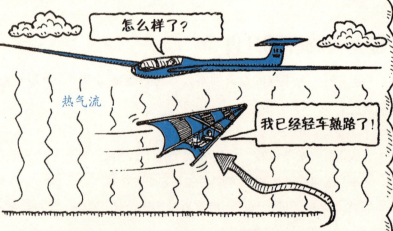

> 怎么样了？

热气流

> 我已经轻车熟路了！

3. 三角滑翔机是一种机翼呈三角形的单人滑翔机。

细枝"魔"节：两位顶尖的滑翔机先驱——奥托·李林塔尔和珀西·皮尔彻曾经命悬一线。如果你想读读这段悲壮历史，请翻到第72页和第74页。

注意有鸟出没

3. 正在翱翔和滑行的鸟

我们秃鹫的翅膀很宽，可以用来捕捉热气……

所以我们可以展翅高飞，从高处发现动物的死尸。

哦——呃，我讨厌飞这么高！

翅膀又长又薄

你好啊，我是海鸥，我的翅膀就像滑翔机一样，这让我可以在浪尖上滑行……

还不会气喘吁吁！

等等我！

　　本书中最聪明的家伙最喜欢研究鸟类的飞行原理，这一点儿也不足为奇，他也因此建造了世界上第一架滑翔机。

名人堂：乔治·凯利爵士

国籍：英国

　　蒙特哥菲尔兄弟制造出超棒的气球那年，乔治年仅10岁，他听说此事之后便对飞行着了迷。

他开始用蜡烛做动力，建造自己的热气球（非常危险，请勿尝试）。接着，他用羽毛直升机模型做实验。他还喜欢吹牛……

我有想法，很多想法没准能行。

他确实很有想法！在毕生的业余研究生涯中（他有土地，工作很忙，同时是一名政治家），凯利想出了……

► 飞机的理想形状

► 机翼的理想形状

► 升力和推力的重要性

► 飞机需要的操纵装置

下面这个实验最能展现智者凯利的过人之处。因为急于找出什么样的机翼角度能够提供最大的升力，他根据一只死乌鸦的翅膀做了一个机翼模型。他把这个模型固定在胳膊上，并飞快地旋转胳膊，然后用自身重力往楼下俯冲，最后发现45度角是最合适的。我把它叫作楼梯升降机。顺便说一下，凯利每次做实验都要等他妻子不在的时候进行，因为她不允许他在屋子里做实验。

凯利是如何建造滑翔机的

1799年，凯利建造了他的第一架滑翔机模型，并像放风筝一样放飞了这架滑翔机。但在之后的10年间，他一直没能抽出时间来建造一架全尺寸的滑翔机。时间又过去了30年，凯利依然没能测试载人的滑翔机！正如我说的，凯利超级忙。

1849年，凯利最终用他的滑翔机做了一次载人试验。那是一个10岁的小男孩，他乘着滑翔机飞了几米远。于是，这个男孩便成了

乘坐滑翔机飞行的第一人。你可能会想，这个幸运的家伙得多出名啊，他肯定会将他的故事卖给报纸，从而赚上一大笔钱。但事实并非如此。科学有时不公平得有些可怕，甚至都没有人记下那个男孩的名字！

4年后，凯利造了一架可以搭载成人的飞行器，这件震惊世界的大事再一次创造了几个纪录。凯利10岁的孙女目睹了整个过程，对于这件事，她可能是这么说的……

约翰·阿普尔比是怎么飞的

多拉的作业

昨天，爷爷带我去布朗普顿河谷看他的飞行器——一架滑翔机。

"今天很特别！"爷爷说，"我们要测试一下这架飞行器，由约翰·阿普尔比当飞行员。"

"是那位给您当马夫的约翰·阿普尔比吗？"我倒吸了一口凉气，"为什么？他都这么老了，他很可能会因此犯心脏病的！"

"可他比我年轻，而且他老当益壮。"爷爷轻声笑道。

当我看到滑翔机的时候，我的眼珠子差点儿没掉出来。虽然我曾看到过爷爷和机械师维克先生一起走进爷爷的工作室，还听到过锤东西和锯东西的声音，当他们敲到手指时，还会蹦出一两句脏话，可我从来没有想过会见到这样的东西……

约翰·阿普尔比

下坡

爷爷自豪地向我炫耀他的作品。他指了指机尾的方向舵，然后帮阿普尔比先生调整好滑翔机的方向和机翼上升降舵的位置，以便它能飞得高点儿。

"这都是我自己发明的。"爷爷眉开眼笑地说。

现在，村里很多人都聚集在这里看机器起飞，其中一些人还主动要求帮忙在前边拉，好让它跑起来。

约翰·阿普尔比坐在飞行器里，穿上了最厚的衣服，可我注意到他看起来已经不像平常那么乐呵，脸也不那么红扑扑了。

"不会有事儿的，阿普尔比。"爷爷高兴地拍着他马夫的背，笑着说道。

约翰·阿普尔比深吸了一口气，点点头。我猜他一定在想，如果滑翔机摔下来，摔断了他全身的骨头，头也摔个稀巴烂会怎么样。

收到爷爷的信号后，人们开始拉这架滑翔机。大家越拉越使劲，只见它滑过了草坪，在下坡路上一路颠簸，接着……

起飞的时候，每个人都累得气喘吁吁的。它就像纸飞镖一样飞过了小河，飞过了河谷，然后……哦，不要啊！它重重地撞到了河谷的另一侧，烟尘四起。我很沮丧，因为我还以为爷爷的滑翔机能飞得更远呢。大家赶紧跑了过去，想看看约翰·阿普尔比有没有事，他是不是死了？

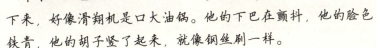

他还活着！阿普尔比先生咳个不停，忙着拍打和吐出尘土。他从滑翔机上跳下来，好像滑翔机是口大油锅。他的下巴在颤抖，他的脸色铁青，他的胡子竖了起来，就像钢丝刷一样。

"乔治爵士，"他大叫道，"我要提醒您。我来这儿是为您驾驶马车的，可不是驾驶滑翔机的！"

"别担心，爷爷！"我叫道，"如果阿普尔比不飞，我可以飞。"

"哦，不，你可不行！"爷爷厉声说道，"这对女孩来说，实在太危险了！"

我听见你说："至少约翰·阿普尔比因此成了世界名人。"但是他没有。事实上，报纸甚至没有报道这件事。大多数人认为飞机是

不可能被造出来的，他们没能发现乔治爵士所做的实验的价值。要知道，那时候还没有人能发明重量又轻，又能将飞机推到空中的发动机。

你肯定不知道！

1. 在凯利的年代，蒸汽发动机还非常重，而且需要通过锅炉来制造蒸汽，更不用说要燃煤烧水了。

2. 凯利认识到，这样的蒸汽机是没法让飞机飞起来的。于是，他计划造一台火药发动机，可他后来发现这太危险了。

还是不要了！

所以，到目前为止，未来的飞行事业依然是要建造更好的滑翔机，这也是飞行狂人们正在干的事儿。其中最著名的要数一位德国天才，他不介意做出最离经叛道的牺牲……

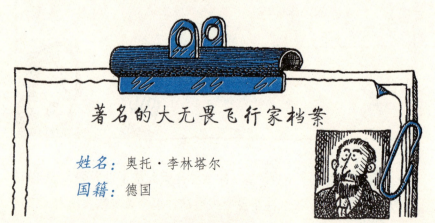

著名的大无畏飞行家档案

姓名：奥托·李林塔尔

国籍：德国

入行原因： 儿时经常观察鹳的飞行。长大后，他成为了一名机械师，退休后开始建造滑翔机。

精彩回放： 在30米高的地方滑翔了几百米。李林塔尔是人类历史上第一个像鸟儿一样滑翔的人。他这一生共进行了约2000次滑翔，其中有几次还是从特殊建造的山丘上滑下来的。此外，今天的现代三角滑翔机运动就是受了他的作品的启发。

悲惨回放： 曾尝试建造一种通过拍翅膀升空的飞行器，可专家们说这玩意儿根本都离不了地。

最惊险镜头回放： 每次他在空中的时候都很惊险。李林塔尔的滑翔机是用木材和布做的，所以在大风天里很难控制。为了控制好航向，他不得不将身体左右摇晃。

死亡回放： 一次，李林塔尔尝试在风中转弯，结果他掉了下来，摔伤了背部。临终前他说道："必须要有牺牲。"换句话说，他是为人类的飞行之梦献身的。

奇怪的是，尽管李林塔尔的悲惨结局尽人皆知，可这并没有浇灭人们对滑翔的热情，反而让人们更加热衷于它！

你肯定不知道！

美国航空界权威奥克塔夫·沙努特是个怪人，他也曾是一名机械师哦。当沙努特年纪太大，飞不动的时候，他请来一个名叫奥古斯塔斯·赫林（Angustus Herring）的人帮他测试滑翔机。[当滑翔机不怎么听使唤时，我猜他一定会大发雷霆，变成一只红鹤（Red Herring）。]

在英国，接替李林塔尔的是珀西·皮尔彻。珀西曾在海拉姆·马克西姆（还记得第64页提过他吗？）手下工作，但他却成了李林塔尔的粉丝，甚至还与他心中的英雄一起飞行过。而珀西也和李林塔尔一样，死于一次滑翔机事故。

飞行要闻

1899年

珀西·皮尔彻归西了

飞行狂人珀西·皮尔彻在一次滑翔中因一些小差错酿成悲剧，不幸丧命。身无分文的珀西邀请了一些大人物来观看他的新动力飞行器起飞。但是，恶劣的天气和发动机故障使他的希望差点儿落空。不过，勇敢坚决的珀西仍决定炫耀一下自己的滑翔机，尽管滑翔机已经被雨水浸透了。结果，滑翔机摔了个粉碎，珀西也一命归西。

你肯定不知道！

专家们认为，珀西的飞机如果稍作调整没准能飞。多亏发动机掉链子，天气也不给力，珀西才没能成为世界上第一个驾驶动力飞机的人。可惜的是，他最终没能站在飞行界的最高领奖台上，而是一败涂地。

说到动力飞行器，现在应该把一些喜讯告诉那些一提发动机就喜笑颜开的伙计们了……

发动机喜讯

珀西之所以能建造动力飞行器，是因为一种新型发动机问世了。说得明白点儿——这种新型发动机对于飞行的可怕未来至关重要……

魔鬼飞行档案

名称： 至关重要的汽油发动机

基本事实：

1. 汽油发动机于1883年由德国人戈特利布·戴姆勒发明。

2. 汽油发动机对飞机来说至关重要，因为它能够为飞机的螺旋桨提供强大的动力，螺旋桨进而提供飞机飞行所需的推力；同时它又很轻，可以减轻飞机的重量。

超轻型动力装置从此出现

1. 将汽油和空气喷进气缸

2. 火花将油点着

砰！

气缸

活塞

4. 活塞被向上推，并将多余的气体排出

3. 爆炸将活塞向下推，并使轴转动

轴

细枝"魔"节： 唯一的问题是汽油极易燃烧，一旦飞机失事，后果非常严重。

多亏有了汽油发动机，美国俄亥俄州的两名自行车技师才得以制造出世界上第一个动力飞行装置。时间回到1899年，当时根本没有人听说过他们，但是他们却用一些自行车备件、几块布料，还有几块木头改变了世界的历史……

你曾经想知道的关于莱特兄弟的一切

当奥韦尔·莱特和他的哥哥威尔伯·莱特还很小的时候，他们的父亲就给他们买了一架用橡皮筋驱动的玩具直升机。哥俩对它爱不释手，结果把直升机给弄坏了。后来，他们做了一架新的直升机，但他们脾气暴躁的扫帚星老师竟然把它给抢走了。

想想吧！那位老师将人类前进的潮流拖后了好几年，下次你的老师要是没收了你口袋里的电脑游戏，你就可以和他分享一下这个想法。你可以随时用下面这些可怕的测验来折磨他们、报复他们。

警　告

这些问题实在是很难，只适合老师回答，不适合朋友回答。你要是心软了，可以给老师一个权利，让他请全班同学为每道问题的答案投票。

刁难老师的可怕测验

1. 谁是帮助莱特兄弟完成了他们的作品，但从未受到人们赞颂的幕后英雄？

a）他们的妹妹

b）他们的宠物苍蝇弗朗西斯

c）他们的老师

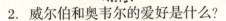

2. 威尔伯和奥韦尔的爱好是什么？

a）他们喜欢印刷报纸

b）他们喜欢参加扔蛋黄派比赛

c）他们喜欢给当地的孩子上课

3. 当一个小男孩坐在威尔伯最喜欢的帽子上时，他做了什么？

a）他让小男孩做了一项危险的滑翔机测试

b）什么都没做

c）他给小男孩留了很多超级难的作业

我本来不介意的······但我正戴着呢！

4. 莱特兄弟将试飞地点选在北卡罗来纳州基蒂霍克附近的擒魔沙山。为什么？

a）如果出事了，沙子有利于实施软着陆

b）风会一直吹着飞机前进

c）他们的老师住在那儿

5. 莱特兄弟的飞机的一部分最后跑哪儿去了？

a）挂在了他们妈妈的晾衣绳上

b）在月亮上

c）在母校展出

这是人类的一小步······等一下，这是什么？

答案

1. a）让我们给他们的妹妹凯瑟琳·莱特三声喝彩吧。她在男孩们离开去发明飞机的时候经营自行车生意，给他们现金资助，让他们可以全身心投入飞机的设计中。

2. a）但是，真正有意思的事情是，发明家兄弟用一座老墓碑和一辆手推婴儿车的车顶（还有其他一些乱七八糟的玩意儿）造出了属于他们自己的印刷机。

3. b）这个故事告诉我们威尔伯有多么宽容。你可以试着解释为什么能忍耐的孩子是天赋异禀的表现，但是你的老师有这个耐心听你说吗？

4. 哈哈——这个问题很唬人吧，答案是a）和b），而你的老师很可能答错，除非他把这两个选项都答出来了。实际上，风并不是像两兄弟希望的那样一直有。还有，他们喂饱了无数的蚊子，但是至少没有人在旁边刺探情报，偷走他们的创意。（还没赚到大钱时，莱特兄弟很会为他们的发明保密。）

5. b）当阿波罗11号上的宇航员于1969年登上月球时，他们的宇宙飞船上装载了一部分莱特兄弟制造的飞机的组件。你不会认为这些组件是自己跑到月球上去的吧？

你的老师得了几分（答对1题得1分）

5分：作弊！显然这个人不适合做老师！

3—5分：很好。下次记得出题要出难点儿。

0—2分：很差。不妨在放假的时候，让你的老师写上一千遍"我真的应该多了解了解莱特兄弟"吧。

顺便说一下，答案c）都和学校有关，如果你的老师所有的题

目都选了 c），那他们真的是太累了，应该休个长假了。这样，你也不得不休假了！

莱特很忙

从 1899 年开始，莱特兄弟就利用他们所有的业余时间来制造和测试滑翔机和飞机，直到他们制造出了一架能飞的飞机。而这还不是全部……

▶ 他们制造了一台更轻、动力更大的汽油发动机。

▶ 还有一副新的、威力更大的螺旋桨。

▶ 他们建造了风洞（风洞是一种可控制空气流动的设备），以便算出什么样的翼型可以提供最大的升力。

▶ 但最棒的是，他们认识到光造飞机是不够的，还必须能够在空中操纵飞机。所以他们还掌握了机翼变形操纵技术，也就是让机翼弯曲，以改变机翼提供的升力。这样，莱特兄弟就可以在半空中让飞机倾斜和转弯。

他们通过反复试验做到了这一切，也就是说，他们对设计不断地试验、试验、试验，直到试验成功。他们共测试了……

▶ 数百种翼型，测试地点就在他们设计的风洞中。

▶ 经过近 1000 次的试验，他们制造了第三架滑翔机。

尽管莱特兄弟当时不知道，但他们其实是与别人进行了一场飞机发明竞赛，而他们的对手已经嗅到了成功的气息。这个人的名字叫塞缪尔·兰利，是一名天文学家。在一次学术讨论后，他便和飞行结下了不解之缘。现在，我可以和你多聊聊兰利，不过碰巧他起死回生了，可以亲自给你讲讲他的事。他现在上了一档电视节目，这档节目喜欢刨根问底，披露来宾的秘密……

逝去的智者

欢迎收看《逝去的智者》——我们的节目主要向您介绍已故科学家的生平，呃，是"死平"。

今天的嘉宾是塞缪尔·兰利。

晚上好。

安息吧
塞缪尔·兰利
1834—1906

你看起来很灵异，塞缪尔先生。

好吧，自1906年起，我就待在这儿了。

那么，给我们讲讲你的飞机吧……

这架飞机造价要好几千美元，需要从船顶的巨型弹射器上起飞。

那么，和你一起工作的人真的必须工作勤奋、穿着得体、不说脏话吗？

你为什么不系领带？

但是你的飞机并没有飞起来……还掉到河里两次，害得你的飞行员都变成了落汤鸡，还骂骂咧咧的……

#@!@#*!!!

请注意你的用词！

真的？

当你死后，有些人说你的飞机本来可以飞的，他们甚至真的让它飞了起来！

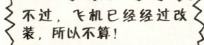

不过，飞机已经经过改装，所以不算！

不，那是作弊！

　　我们讲的有点儿超前了。总之，回到1903年，当塞缪尔的飞机栽到河里时，莱特兄弟的飞机——"飞行者"1号，还不是飞行者，它甚至没法儿离地。

　　要讲述当时的情况，可以偷偷看一下奥韦尔·莱特的秘密日记里写的什么。呃，我是从包老实那里买到的这本日记，所以很可能是伪造的。

奥韦尔·莱特的秘密日记

1903年12月16日，北卡罗来纳州基蒂霍克

这都是我哥的错。两天前，他试着让我们的飞机起飞，却由于操纵错误摔了下来。从那以后，我们就一直在修理那些破损的部位，期待着风小下来，这样我们就可以冒险再试一次。时间已经不多了，因为我们就要回家过圣诞节了，要不老爸永远不会原谅我们的！

> 呃，他们两个在哪儿？

1903年12月17日

今天上午，我们决定再进行一次试飞。老实说，有好几次我都怀疑我们能不能成功。我们二人辛苦工作了4年，到底值不值得，我心存怀疑。我找来当地一个名叫约翰·丹尼尔的人给我们照相，如果飞机能飞的话。可是约翰从没用过相机，他都不知道哪头是哪头。慢慢地，我们将飞机从机棚里推出来，约翰和他的朋友也来帮忙。

> 我能先走吗，布朗？

> 不行！

我趴在下机翼上（这是飞行员的位置，我们真的应该设计一个舒服点儿的座椅！）。当我哥转动螺旋桨准备启动发动机时，其他人沿着我们自制的轨道把飞机往前推。发动机突

然发出刺耳的声音，接着便轰隆隆地动了起来……嗖！我的心提到了嗓子眼。我飞起来了！最终飞机安全着陆，我成功了。飞行的感觉超棒，太了不起了，足足有36米，而我在空中待了足有12秒钟。哇哦！

我确实还有更好的。约翰·丹尼尔真的帮我拍了一张照片——可惜我当时没有笑！喝完咖啡后，我哥飞了52米——哼，我那么相信他，让他上去试飞，可他竟然打败了我！所以我要给他点儿颜色看看——我飞了61米，尽管我有点儿"七上八下"。正当我自鸣得意之时，我的大——头哥哥飞了100米，虽然他摔了下来。幸好他没事儿。可他是怎么了，总摔总摔的？接着，轮到我飞了，我打破了他的纪录，但接着他又飞，几乎飞了1分钟，260米远。真爱表现！我们给老爸发了封电报，告诉他我们会回家过圣诞节。现在，我们终于可以说今天真是个好日子！

你肯定不知道！

2003年，有人想重现莱特兄弟的首次飞行却失败了。专家们用"飞行者"1号的复制品在莱特兄弟曾用过的基蒂霍克沙丘试飞，可飞机在半空中散架了。

就这样，经过了多年的尝试，人类终于可以乘坐动力飞机飞行了。但很多人认为这不算什么。毕竟，莱特兄弟只飞了不到1分钟，而唯一对此事有所报道的报纸也把情况搞错了，他们报道说威尔伯·莱特四处狂奔，并大叫"我能飞啦"。

那根本不是我……

但有一件事是确定无疑的。那就是从现在开始，飞行不再是简单的飞行了，而是如何飞得更好！从此，人们开始竞相制造更好的飞机……

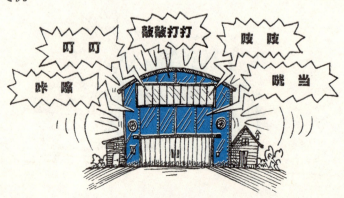

比飞机还飞机的飞机

这一章的内容全是关于机器的，主要讲述飞行机器和不怎么能飞的机器。还有些机器，哪怕是你最不喜欢的老师你都不会愿意把他送上去，甚至还有直升机呢。那么，要是你们都登机了，就让我们上天吧……

我打赌你现在肯定特想知道莱特兄弟后来怎么样了，我们最后一次见他们，还是在他们大吃特吃圣诞晚餐庆祝胜利的时候。莱特兄弟知道他们必须对"飞行者"1号做些改进，才能靠卖飞机赚钱。所以，他们造了不是一架而是两架飞机——"飞行者"2号和"飞行者"3号。他们不断测试飞机，直到它们能够……

▶ 飞 66 千米远；

▶ 升到 110 米令人眩晕的高度。

终于，在 1908 年，莱特兄弟决定让世界为之一震，他们要卖飞机了。奥韦尔来到华盛顿，让美国军队为之一震；威尔伯来到巴黎，让欧洲飞行迷们为之一震。

最初，法国人不怎么看好威尔伯，因为他们不喜欢他油乎乎的旧衣服，还有他在机棚里睡觉、吃罐装食品和在公共场所打嗝的种种行为。但当他们看到他的飞机在空中飞来飞去的时候，他们立刻转变了态度……

毕竟，当时的欧洲人顶多能放飞一个箱形风筝，就像我们的老朋友桑托斯-杜蒙的飞艇似的，离地跳了 4.5 米，这离 1903 年威尔伯最好的一次试飞纪录差远了。

所以，当欧洲人看到威尔伯兴高采烈地飞过了乡村，并在半空中改变航向时，他们完全不知所措了。他们冲到自家的工作棚里翻箱倒柜，照着莱特兄弟的飞机的样子，造出各种疯狂的玩意儿。悲剧即将发生……

莱特兄弟的飞机是致命的"飞行者"：

▶ 它们没有刹车装置；

▶ 没有起落架；

▶ 没有安全带；

▶ 女性乘坐这种飞机飞行时必须把双腿绑在一起，以免让裙子吹到头顶。

1908年，当奥韦尔飞过华盛顿的一片墓地时，飞机失去了控制。结果，他本人受了重伤，他的乘客托马斯·塞尔弗里奇则不幸遇难。从此，飞机有了第一名遇难者……

你肯定不知道！

1. 尽管飞机存在安全问题，但莱特兄弟还是成功地卖出了他们的飞机，并赚了一大飞机的钱。他们十分痛恨其他飞行员偷走了他们的想法，便与竞争对手打了多年的官司。结果，威尔伯的健康因忧虑过度而被毁了。1912年，他死于严重的肠道疾病。

2. 欧洲人并没有完全模仿莱特兄弟制造的飞机。他们没有用改变机翼形状的操纵技术，转而使用一种叫副翼的翼片。事实证明，副翼十分理想，可以在半空中使机翼倾斜，完成转弯（翼片的所有内容，见第100页）。

但说到危险的机器……下面是包老实收集的危险飞机系列。是的，它们比牙疼的老虎还要危险，等你临终，呃，是生日的那一天，你想要哪一架作为礼物呢？

包老实危险飞机
产品展销会

我家小包热爱大自然，他最喜欢的动物是"骗子"。
——包老实的妈妈

飞机敢死队

飞飞飞，杀杀杀！

1. 圣诞子弹（*1918年*）这台老古董由威廉·克里斯马斯（"克里斯马斯"英文为Christmas，又有圣诞节的意思——译者注）医生设计，是理想的圣诞节礼物。由于克里斯马斯是一名医生，所以我猜要是飞机出事了，一定能得到及时的处理。它飞起来就像颗子弹，致命效果却比子弹强两倍。（噢，我是不是太老实了！）售价仅为999 999.99英镑。

> 呃……圣诞节刚过两天就摔两腿一蹬，撒手人寰了！

2. 飞蛾扑火（*1910年*）由莉莲·布兰德在爱尔兰建造完成。飞蛾扑火由钢琴丝连接，是音乐爱好者的必备佳品！发动机是用莉莲姑姑的助听器和一个旧威士忌酒瓶做成的。

> 他们问我，我就说："它也许能飞……也许只会扑火！"

50便士贱卖给你了（外加654 321英镑的包装和邮寄费）。

3. 飞机大奔（*1913年*）飞起来可壮观了！你可以带3名机组人员——一人负责开飞机，一人负责坐在前面告诉飞行员他看到了什么，另一人负责前后走动，以保持飞

有点儿太
舒服了

机平衡。坐在如假包换、舒服怡然的4个扶手椅和沙发上，你可以完全放松——如此奢华的设计，根本无法用金钱衡量，但我可以试试——售价是2222222.22英镑。

4. 康特·詹尼·卡普里奥尼·塔里艾多的水上飞机*（1921年） 这艘超炫的水上飞机，绝对值得信赖（也许吧）。我是说，它配有9个机翼、8台发动机，所以就算其中几个掉下去了也没关系！至于它的价格嘛，如果你给我10000000英镑，我就告诉你！

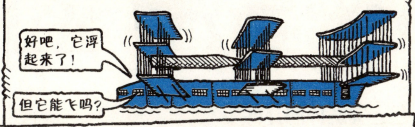

好吧，它浮起来了！

但它能飞吗？

　*水上飞机指的是能在水上起降的飞机。因此，水上飞机下面用的不是轮子，而是滑水板。是的，它们是滑水飞机！

5. 格兰维尔·吉·比的吉比运动健将（20世纪30年代） 好吧，这架飞机有点儿危险，可能会让你紧张不安。它的时速为470千米，同时给你的死亡之旅，呃，是生命旅程来点儿刺激。这架飞机坠毁的时候，会砸出一个超大

的坑——省得挖坑了！你随便出个价，然后我再加456 789英镑就是它的售价！

最好能飞到墓地那儿去。

6. 飞翔的跳蚤（天空任"蚤"飞）（20世纪30年代） 本飞机成套出售，你可以在工棚里亲手安装。是的，它很适合不怕死的粉丝，呃，是不怕"试"的粉丝——价廉物美，而且可以倒过来飞。好吧，它大部分时间都是倒着飞的。售价只需50便士，外加价值89 000英镑的胶水。考虑一下吗？你只需把它开走就行了，如果你敢的话！

啊呀！一直对飞机心痒痒呢！

包老实漏掉的几件事

1. 圣诞子弹是一台杀人机器。首飞时，它的翅膀掉了下来，飞行员不幸遇难。第三次试飞时，另一名飞行员遇难。克里斯马斯博士很不老实，他的很多发明都是从其他同事那里偷来的。

2. 莉莲的飞蛾扑火没飞起来，它只能跳。她的叔叔很担心她的安全，承诺如果她不再飞了，就送她一辆车。

3. 飞机大奔在1913年是世界上最大的飞机，也是第一架有座舱的飞机，它是由俄罗斯的天才伊格尔·西科尔斯基设计的。尽管体型硕大，也正因为"大奔"有3名飞行员，这架飞机实际上是能飞行的！

4. 好消息是这架水上飞机从马乔里湖成功起飞了；坏消息是中间的机翼掉了下来，飞机失事了，两名飞行员不幸遇难。也许他们本该把它当船用的。

5. 吉比运动健将是用来比赛的，实际上它创造了一项速度纪录。同时，它还有一个可怕之处，那就是专杀飞行员。两架吉比运动健将在飞行时都失事了，飞行员也都不幸罹难。之后，飞机制造者用掉下来的两架飞机的碎片拼凑出了第三架吉比运动健将，而它也失事了，飞行员也未能幸免于难。出于某种原因，购买它的事儿以后再说了。

6. 20 世纪 30 年代，由亨利·米涅设计的这些自制飞机，在法国、英国和美国成为一种时尚。自从疯子米涅制造的那架飞机落在他的小妹妹身上后，他就开始对飞机情有独钟。他说：

如果你能捣鼓出一个包装箱，那你就能捣鼓出一架飞机。

问题是，当"跳蚤"底朝天向下栽，直到坠地而亡（很可能），你可能都无法把它正过来。

作者郑重声明

到目前为止，本章提到的所有飞机都不怎么样，都是令人难堪的败笔。不过在 20 世纪 20 年代和 30 年代，曾出现过很棒的飞机……1919—1931 年间，施耐德杯水上飞机大赛吸引了来自美国、德国、意大利、英国和法国的设计师竞相设计速度更快的飞机。这些设计给战斗机的设计带来了灵感，比如英国的"喷火"战斗机和意大利的"马基"C200 战斗机。

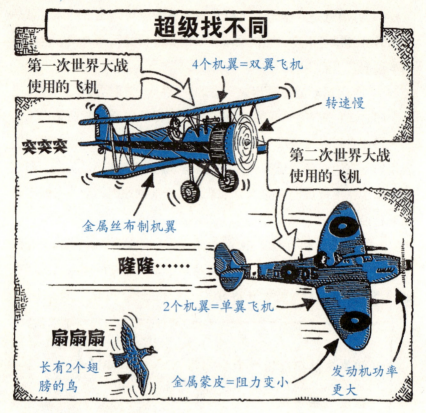

威震天的直升机

还不止这些呢！20世纪30年代，设计师们正忙着研制一种全新的飞行器，它可以毫不费劲地起飞和悬停，至少它应该是这样的……

连老师都可能不知道的几件事

1. 直升机是古代中国人发明的。至少拉弦后能嗖的一下飞上天的玩具直升机是中国人发明的，这种玩具在中世纪传到了欧洲。

2. 1900年以前，很多人都在尝试发明直升机，其中还包括达·芬奇。大家遇到了与制造飞机时一样的问题，缺乏能让直升机

飞起来的强有力的发动机。1877 年，法国发明家伊曼纽尔·蒂伍埃德试图解决这个问题。他在地面上放了一个蒸汽锅炉，为直升机的发动机提供蒸气，可结果飞机还不如蒸汽管飞得高。所以我猜这只不过是黄"管"一梦。

3. 19 世纪 80 年代，美国发明家托马斯·爱迪生尝试用火药棉为发动机提供动力，但随后他的实验室就爆炸了。虽然爱迪生是个"火"力四射的人，可他并不需要这种火。

4. 20 世纪初期，发明家们开始乘坐他们的直升机飞上天，但也只不过开到几米的高度。

5. 第一架真正有用的直升机受到了西班牙发明家胡安德拉·希瓦的启发，在飞行器顶端装旋翼的想法就是由他提出的。到了 20 世纪 30 年代末，海因里希·福克和伊格尔·西科尔斯基（没错，是他给我们带来了飞机大奔）造出了他们自己的直升机。

你肯定不知道！

直升机飞行员之间有很多关于飞机的暗语。学一学这些暗语还是有好处的。你可以假装成直升机飞行员，让你的朋友对你刮目相看……

但如果你想成为一名真正的直升机飞行员，你还需要知道直升机是如何工作的，甚至要知道如何亲手造一架直升机。

魔鬼飞行档案

名称：直升机是如何工作的

基本事实：

1. 直升机上的旋翼（包含桨叶和桨毂）工作起来就相当于旋转的飞机机翼。

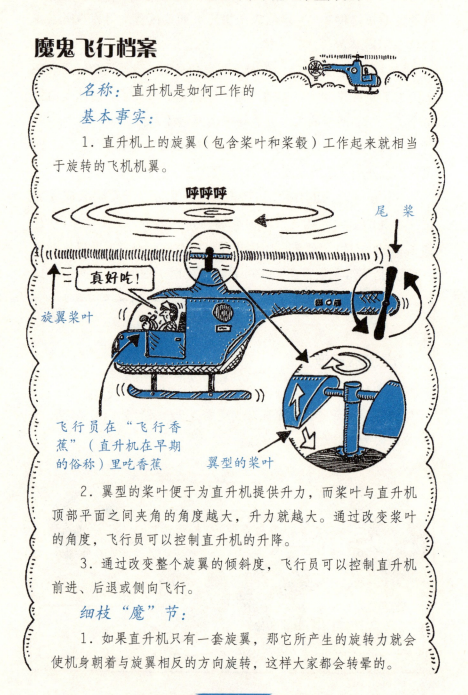

呼呼呼

尾桨

真好吃！

旋翼桨叶

飞行员在"飞行香蕉"（直升机在早期的俗称）里吃香蕉

翼型的桨叶

2. 翼型的桨叶便于为直升机提供升力，而桨叶与直升机顶部平面之间夹角的角度越大，升力就越大。通过改变桨叶的角度，飞行员可以控制直升机的升降。

3. 通过改变整个旋翼的倾斜度，飞行员可以控制直升机前进、后退或侧向飞行。

细枝"魔"节：

1. 如果直升机只有一套旋翼，那它所产生的旋转力就会使机身朝着与旋翼相反的方向旋转，这样大家都会转晕的。

2. 通常，直升机都装有尾桨，做与主旋翼垂直方向的旋转，以抵消旋翼产生的旋转力，既防止直升机打转，又省了呕吐袋。

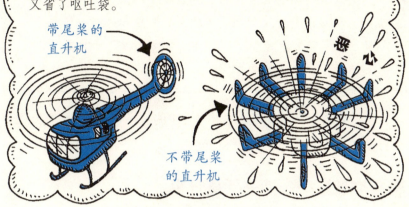

带尾桨的直升机

不带尾桨的直升机

注意有鸟出没

4. 蜂鸟与直升机

我们蜂鸟可以悬停……

和旋翼不一样，我们绕"8"字前后拍打翅膀，1秒钟可以拍打70次！

长长的喙方便我们吸食花蜜。

我需要一个吸管！

你肯定不知道！

蜂鸟需要喝掉相当于自己体重一半的又甜又黏的花蜜，以产生更多的能量。如果人类的劳动强度和蜂鸟一样的话，那你每天就需要吃掉1140个汉堡。这样一来，你的身体也会变得很热，甚至燃烧起来。

嗯，我希望汉堡最好是烤得热乎乎的。不过我猜，造直升机要比自己成为直升机安全多了……

有胆你就试……造一架直升机

兴奋过头的小读者们请注意

不，这不是真的直升机，它不能开。如果你想要一架真的直升机当生日礼物，你就必须对你的父母死缠烂打。

你需要：

▶ 一张 21 厘米 ×9 厘米的纸

▶ 尺子

▶ 剪刀（还有一帮到底的大人助手）

▶ 回形针

▶ 铅笔

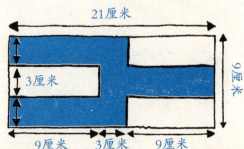

再来！

做法：

1. 如图，在纸上画上几道实线。

21厘米

3厘米

9厘米

9厘米　3厘米　9厘米

2. 沿实线将纸剪开。

3. 如图，沿虚线将纸折好。折叠的部分就是旋翼。

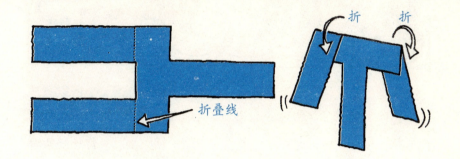

折叠线

折　折

4. 现在打开旋翼，在直升机底端别上一枚回形针。

各就各位……
五、四、三、
二、一、

5. 准备好首飞了吗？把你的直升机从高处扔下去就行了！

你会发现：

旋翼会旋转——就像真的直升机的桨叶一样。

郑重声明

　　说到制造飞行器，我刚刚听说我们的科学家弟兄们又制造出了一架飞机。这次，他们希望再找一个人来完成这架飞机的性能测试。神探福尔摩丝在哪儿呢？哦，我怎么傻了呢——我忘了，上次我们看到他时，他已经被炸飞了。

咔 砰

幸运的是，福尔摩丝和忠犬"花生"有降落伞救命，所以只是轻度烧伤。但是，还没等福尔摩丝完全康复，旺达·怀就缠着他，让他教自己开飞机。这对飞行事业来说是一场灾难吗？你还是接着往下读，看看结局如何吧！

神探福尔摩丝的飞行学校记事簿

他们都说飞行课教起来简单又安全，没有气球，更没有爆炸。"是的，很对。"我说——这是我经常挂在嘴边的一句话，而我还是一如既往的正确。气球已经把我的钱包给炸飞了，而我又需要钱。直觉告诉我，我应该接受这份工作。"我不会又摔下来吧？"我想。时间会告诉我答案的，可究竟得等到什么时候呢？

第一课　穿对衣服

空中很冷，我发誓……

飞行头盔

护目镜

荒唐的胡子

祝你好运，旺达！

戴上围巾，免得把脖子冻僵了

防水飞行服

保暖内衣（穿在羊毛衫里面）

两件羊毛衫（穿在外套里面）

几双羊毛袜子

要带的东西

热水袋

保温杯和三明治

呕吐袋

幸运符

降落伞——没有它，我是不会飞的

第二课　摸透飞机

　　控制好飞机，否则你就要摔下去了。但要做到这一点，你得把飞机摸透……

8. 螺旋桨

7. 发动机

好了，下面都是你必须知道的。

1. 垂直尾翼

4. 方向舵

9. 襟翼

2. 水平尾翼

6. 副翼

5. 机翼

3. 升降舵（两个水平尾翼各一个）

下面是它们的具体功能。

这些我永远都记不下来！

1. 垂直尾翼能控制飞机左右方向的运动。

2. 水平尾翼为尾翼提供升力。

3. 升降舵用于飞机的起飞、爬升和俯冲。

4. 方向舵可操纵飞机左右转向。

5. 机翼提供升力，使飞机保持平飞。

6. 副翼可以使机翼倾斜。

7. 发动机为螺旋桨提供动力。

8. 当螺旋桨加速旋转时，空气会快速通过螺旋桨并产生推力，将飞机向前推。

9. 襟翼可以增加阻力，使飞机在着陆时减速。

第三课　操纵飞机

双手掌控的感觉好极了，但不要在空中用双手干出蠢事来，要不我们就会成为小猫的盘中餐了。

▶ 驾驶杆可以控制副翼和升降舵。

▶ 刹车能让飞机减速，停在地面上。

▶ 脚蹬可以控制方向舵。

猫　粮

▶ 罗盘可以显示航向。

▶ 油门可以控制发动机功率的大小。

▶ 速度表用来显示速度。

▶ 高度表用来显示高度。

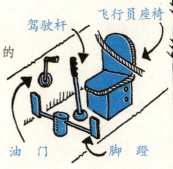

驾驶杆　飞行员座椅

油门　脚蹬

第四课　起飞和着陆

起飞前先检查飞机是个明智的选择，如确保机翼是否已经固定好了，等等。接着检查仪表，确保仪表可以正常工作。我是不是忘了什么事情？没有啦！

启动发动机。找一个可靠的伙计转动螺旋桨——这就是我们飞行员所说的转动螺旋桨、启动发动机。接着，沿跑道滑行，加大油门，增加发动机功率——嘿，臭猫，把你的脏屁股挪开！

当飞机在跑道上前进的速度够快时，将驾驶杆向后拉，使升降舵向上偏转，这会提高尾翼的升力。于是飞机就升起来了。

谢了，教授！

我们飞起来了！

快跑啊，小白！

喵！

着陆时，给发动机减速，将驾驶杆向前推，使升降舵向下偏转，减小升力。别忘了在着陆后，刹住机轮。

第五课　飞机转向

你可以利用方向舵脚蹬使飞机改变方向：左转就踏左边，右转——好吧，你应该明白了。但是如果你只做这个，飞机就会在空中打滑……

呃！

所以，应该带点儿坡度。"坡度"……我喜欢这个词，它让我想起美丽的山丘。在空中，这意味着让机翼倾斜，使其一边高，一边低，同时要让方向舵偏转。所以若要向右转，就要向右压驾驶杆，同时踩右方向舵脚蹬……

左侧机翼抬起

左侧副翼放下

方向舵向右偏转

当你明白怎么回事的时候就简单了！

右侧副翼抬起

飞机向右转弯

右侧机翼下沉

　　我又给旺达秀了一下我的技艺，但这回坡度有点儿太大了，而这时我又发现，我忘了第四课教的内容——系安全带了。幸运的是，我没告诉旺达，她就系上安全带了……

啊啊啊啊！

坚持住，福尔摩丝！

　　不知怎的，旺达把飞机正了过来——我猜她作为一个女孩，表现得还不赖。

哼，放肆！

小白因为刚才的事有点儿不太高兴！

咯吱咯吱

呼哧呼哧

　　那么你也愿意学习飞行吗？好吧，别让我把你吓倒！

有胆你就试……带坡度飞行

你需要：

▶ 你自己

　　这就够了。（不，你不需要飞机——我打赌，你无论如何也没到可以开飞机的年龄，对吧？）

做法：

1. 将你的手臂像机翼一样伸直。确保你的手心朝下，机翼（手臂）稍微向上抬，并离奶奶收集的高脚杯和爸爸的下巴远一点儿。

2. 你的手就是你的副翼。下面，练习一下怎么用你的副翼。

▶ 右手倾斜，让你的小指高于拇指。

▶ 左手倾斜，让你的拇指高于小指。

3. 现在，你已经把右副翼抬起来了，你的右机翼（右臂）应该低一点儿。因为你已经放下了你的左副翼，你的左机翼（左臂）应该抬起来。这说明你在向右做坡度。

4. 现在试试向左做坡度。

你会发现：

你可以很快控制住飞机。现在试着跑一跑，练习带坡度飞行，再配上音效。只要不在家里人吃饭的时候练习，或者在精美的瓷器店里练习就行。

哦，你想用自己的飞机练习飞行吗？很好，这儿有一架比"飞翔的跳蚤"安全得多、比"吉比"号舒服得多的飞机。

有胆你就试……造一架举世无双的飞机

这架飞机的灵感来自于1967年国际纸飞机大赛的冠军得主拉尔夫·巴纳比的设计。

你需要：

▶ 一张 A4 纸

严重安全警告

切勿使用家庭照片或你的小弟弟的家庭作业来造飞机。又软又湿的厕纸也是明令禁止的。

▶ 桌子（在硬表面上折纸比较方便）。

▶ 剪刀（让你们家乐于助人的大人来帮你剪纸）。

做法：

1. 纵向折叠纸张。边儿要对齐，并保持平整。

2. 画出图中这个形状，并按此剪裁。

3. 如图，用尺子画出这条线。比着尺子画，确保画线能压到纸张的左下角。

4. 如图，沿虚线折叠纸张。

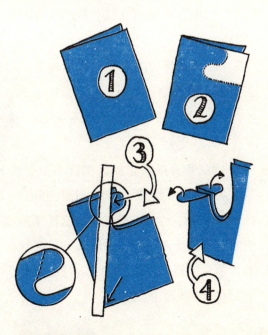

5. 如图，将飞机的前端折起，接着，再折两次，就像你在卷地毯一样。

6. 如图，将翼尖折起来。

7. 轻轻把飞机抛出去，但别神经大条地朝你的兄弟姐妹、头顶上的电线、价值连城的传家宝或者小狗身上扔。

8. 现在在每个机翼上剪出一个副翼，就像这样……

9. 并在每边的尾翼上剪出一个升降舵，就像这样……

10. 用不同的翼舵组合试飞飞机。

你会发现：

副翼和升降舵工作起来就和 102 页上福尔摩丝驾驶的飞机一样。好吧，实际上比那架飞机好点儿。

请记住，你的飞机飞得怎么样不重要——没有人驾驶，它哪也去不了。而天不怕地不怕的人类从来都在乎会不会摔断脖子。在飞行的早期阶段，敢开飞机的飞行员们不是疯子就是不怕死的……你有胆量读读他们的故事吗？

又疯又傻的飞行员先驱们

开个飞行员先驱派对是个糟糕的主意。被机翼"扇"昏头的呆子们就是爱现眼，不是摇着灯具，就是在窗台上倒立。但是我猜，如果你愿意冒着生命危险飞上天的话，疯点儿傻点儿没准是好事……

你肯定不知道！

1922年，美国飞行员吉米·杜利特尔在智利参加派对时，就在窗台上倒立来着。结果跌下来摔坏了两个脚踝，不过这并没有阻止他在几天后上演一场精彩的飞行表演。

无论如何，我们要找个借口，赶到1909年的法国。此时，两名勇敢无畏的飞行员正准备冲击胜利……或死亡。

又一次海峡追机

看到威尔伯·莱特能如此轻松地飞行，欧洲的飞行迷们受到了启发，开始建造更好的飞机，并瞄准了新的目标。一家英国报纸举办了一次飞越英吉利海峡的比赛，胜者可以得到1万英镑的奖金。哇！这和气球飞行早期阶段的比赛很像呢！参赛的前几名选手如下，你认为谁会赢呢？

日 期	姓名：路易·布莱里奥	姓名：赫伯特·莱瑟姆
1906年	我是个富有的汽车前照灯制造商。	我是个富有的冒险家。
1908年	我花了毕生积蓄造了几架飞机，可它们都被摔坏了。	我患有严重的肺病。死就死吧！
1909年	如果我没能赢得奖金，我就完蛋了！	我将飞越英吉利海峡，不成功则成仁！
7月19日	等等！我还没准备好呢！ 	我试着飞了飞，但最后掉海里了！ 
7月23日	我的脚被烧伤了！根本睡不着！	凌晨3点30分把我叫起来，我要飞了！
7月24日 凌晨3点30分	该出发了！	呼呼呼呼呼呼呼！
清晨 4点50分	哦，不，我迷路了，而且发动机太热了！好了，下雨了，可以给发动机降降温了！	呃——为什么不把我叫起来？太晚了，我肯定追不上布莱里奥了！

早上
5点10分

啊哈——我赢了！我到英国了！

早上好！

呜呜呜呜——我输了！

你肯定不知道！

1. 布莱里奥着陆时，众人欢呼了起来。此时，一名严肃的海关工作人员却把他当成了走私贩，质问了他一番。

2. 两位勇敢的飞行员自此以后的命运截然不同。布莱里奥转行制造飞机，并赚了大钱——人人都想买他的那架飞越海峡的"布莱里奥"11号。莱瑟姆则开始捕猎，捕杀大型猎物，最后被一只"打了鸡血"的水牛用角给顶死了。

哥伤不起啊！

海峡飞越大赛并不是唯一危险的赛事。1911 年，一家美国报纸的老板悬赏 5 万美元，奖励第一位成功在美国飞行 30 天的飞行员。飞行员卡尔布雷斯·罗杰斯很想赢得奖金，他在这个过程中……

▶ 经历了 16 次坠机事故；

▶ 其中包括 5 次真正的大型事故；

▶ 用足够的备件造出了 4 架飞机。

布雷斯最惨的一次经历是在离海仅有 19 千米的地方发生的。当时，他驾驶的飞机坠毁了，这让他摔断了一条腿，在医院里待了好几个星期，与奖金失之交臂。第二年，他再次回到那个地方，却在迎面撞到一只海鸥后坠机了。因此，布雷斯不幸遇难，而海鸥也可能命归西天了。

但即使不因比赛丧命，因飞机失事罹难的飞行员也不在少数。仅 1910 年一年，就有 37 名飞行员死于飞行事故，而这个数字恰好是当时能飞的飞行员的全部总和！

早期飞行员的4种几乎置人于死地的飞行方法

1. 死亡俯冲

莱特兄弟的"飞行者"1 号与大多数飞机一样，有一个致命的弱点。那就是如果在两侧机翼没有保持在同一条水平线上的时候就向上爬升，一侧机翼会失速，另一侧机翼会抬起。这意味着，一侧

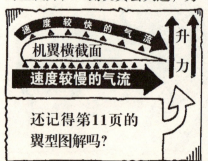

机翼的阻力更大，而另一侧机翼的升力更大，这种差异会让飞机滚转。这样，机翼无法产生升力，飞机就会从天空中飞速旋转着栽下去。飞行员称之为"死亡俯冲"。

1914 年之前，几乎每个经历了死亡俯冲的飞行员都没能幸免于难。这一年，顶级试飞员哈里·霍克有了一个想法。直觉告诉他，如果在飞机向下掉的时候加大俯冲的角度，就可以让空气流过机翼，产生升力，进而将飞机从死亡俯冲中拉出来。霍克需要亲自试一试以验证自己的直觉。结果证明他是正确的！

2. 特技飞行

特技飞行对那些真正的飞行狂人来说极具吸引力——比如林肯·比切，人送外号"飞愚"，他的特技包括：

▶ 在桥底下飞行；

▶ 沿街飞行，从行人头顶呼啸而过；

▶ 当一群人爬到树上免费看他的表演时，林肯从树边掠过，结果人都从树上掉了下来。

这些表演极其危险，可怜的林肯于 1915 年在 5 万名观众面前表演时不幸遇难。

你肯定不知道！

1910 年，莱特兄弟组建了一支飞行队，以展示他们的飞机，但除一人外，其余所有人都不幸遇难了。幸存者的名字叫弗兰克·科芬。

3. 机翼行走

有一种表演让特技飞行黯然失色。它始于一位名不见经传的美国飞行员奥默·洛克利尔，而完成这个表演需要在飞机的机翼上行走，而且是当飞机还在天上飞的时候！表演者可以用牙把自己挂在机轮上，也可以从一架飞机跳到另一架飞机上。

那些绝对是疯子行径，但在第一次世界大战后，许多失业的飞行员为了生计——或者为了死，不得不干这行。奥默最终掉进了淤泥塘里，所以他黏糊糊地走完了他的生命。

4. 倒飞筋斗

这项特技最先是由俄国飞行员彼得·涅斯捷罗夫发明的，他是第一个飞筋斗的飞行员。这个脑子缺根弦的陆军飞行员所得到的奖

励竟然是在监狱蹲 10 天，因为他置政府财产安全于不顾。20 世纪 30 年代，倒飞成为一项新奇而刺激的运动，意大利飞行员蒂托·法尔肯尼甚至倒着从圣路易斯飞到了芝加哥，全程 420 千米。

你肯定不知道！

1938 年，飞行员迈克·墨菲造了一架上下颠倒的飞机，机轮朝上，从发动机上凸出来。这样的设计导致这架一无是处的飞机着陆时是背部着地的。

显而易见，第一批飞行员在飞行时完全是在拿生命赌博，他们也的确不是人寿保险的合适对象。不过，他们的一生至少是在和平年代度过的……在战争时期，飞行员的生命变得更加脆弱。

止战之殇

人类到底是怎么了？他们一发明出什么东西，就想用这种东西互相残杀。1917 年，当奥韦尔·莱特和他的哥哥造出世界上第一架飞机时，他曾这样说道：

我们的发明问世后，会让战争在未来世界真正绝迹……

他们的想法错得太离谱了！看看这个吧……

艰苦奋斗之空战篇

1914—1918 年　第一次世界大战期间，英军、法军和美军的飞行员与德军的飞行员之间展开了空战。最终，德国人战败了，

因为他们的飞机和飞行员太少。

1939 年 战争再次爆发，德国空军称霸天空。

1940 年 英国皇家空军挽救了国家，击退了德国的入侵，用较少的损失击落了更多的德军战机。

1940—1942 年 德国人转而轰炸了英国的多座城市。

1942—1945 年 英军和美军为了报复，开始轰炸德国城市。

1942—1945 年 美军和日军的飞机从航空母舰上起飞，横跨太平洋打了好几场大仗。美军获胜。

第一次世界大战期间，战斗机飞行员的生命激荡而荣耀，同时也很短暂。1915 年，英军飞行员一旦上了战场一般只能活 11 天，他们通常受过 5 小时的飞行训练后就被送到了战场上。英军、法军或美军的飞行员甚至不能带降落伞，因为比起打仗，他们可能更愿意弃机逃命。

下面是驻法国的美军部队中流行的一首歌，你可能会想在学校吃饭的时候唱这首歌（把"逝者"和"死者"换成"男孩"或者"女孩"）。

勇敢的美国飞行员死了近 1/3——想想吧，你那些发霉的土豆泥和卷心菜对你而言可没有这么危险。

你肯定不知道！

在世界大战期间，飞行员执行任务时通常会戴围巾。这既不是因为他们嗓子疼，也不是因为围巾是母亲织的，而是因为围巾能防止飞行员的脖子被冻僵。要是脖子冻僵了，他们就没法眼观六路了，也没法在背部受敌时发现敌人。

但是，20 世纪的飞行故事并不全是以死亡和毁灭为结局的。20 世纪 20 年代，如开路先锋一样的飞行员们开辟了新的航线。在这些飞行员中，还包括一些著名的女飞行员……

▶ 美国人阿米莉亚·埃尔哈特于 1928 年飞越了大西洋，她是第一位飞越大西洋的女性。阿米莉亚实际上是一名乘客，她喜欢自娱自乐，比如把橘子往过往船只的船长头上扔。

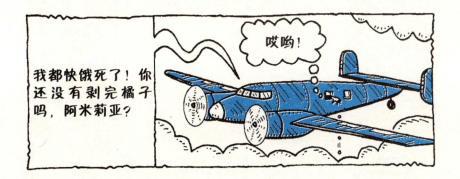

她没打中。4 年后，她自己完成了这趟行程。

▶ 英国人艾米·约翰逊是第一位独自一人从英国飞到澳大利亚的女飞行员。她还飞到非洲，穿越了亚洲，并游历了其他很多地方。

你想报名参加这些开创历史的飞行吗？好吧，这可能会让你度过一个紧张而刺激的假期……

包老实的假期礼物

飞往遥远国度的绚烂之旅……

你将成为史上第一人！

嘿，这是一次探险之旅，会让你毕生难忘。（你的一生估计也不会太长——呃，就当我没说过！）

假期售出后，途中将免费赠送失事逃生课程！

1. 纽芬兰—爱尔兰之旅（1919年）

希望你会看地图。

重温约翰·阿尔科克和阿瑟·惠滕·布朗的足迹

希望你会游泳。

▶ 为你提供第一次世界大战使用的敞开式座舱轰炸机，备有新鲜宜人的冷空气和供你乘坐的硬木座椅。（对您的屁屁好哦！）

▶ 让你一路飞过去，穿越大西洋。重温与电台失去联络时的惊险一幕，让你出事的时候无法呼救！

▶ 尽情享受爬上机翼除冰的滋味。

▶ 免费供应三明治。

▶ 以上所有，外加爱尔兰沼泽地区的刺激坠机着陆！

2. 查比·米勒和比尔·兰卡斯特的英国—澳大利亚环球之旅（1928年）

兴奋的感觉因下述经历随即而来……

▶ 在仰光发现你的飞机里藏着一条毒蛇。

▶ 在蒙托克坠机。（当你双眼一抹黑，把飞机摔得粉碎的时候，不要担心——嘿，这只是余兴节目的一部分！）

▶ 犯人为你铺设豪华专用跑道，这样你就可以从阿塔姆布尔的监狱起飞。

▶ 差点儿掉到帝汶海里，被鲨鱼吃了。这时，你可以写临终遗言了（免邮费）。

小贴士

当你抵达澳大利亚时，没有人会特别注意你，因为曾经有另一名飞行员到过那儿。还有就是，热带病检查这一关道不过，就不能下机。

3. 林德伯格的特别献礼——纽约—巴黎之旅（1927年）

想要清净一下吗？

这就是为你准备的旅程！

全程仅33个小时，但你要自食其力！

想吃三明治了？谢谢，不介意吧！里面是什么？是鱼子酱。太好了！

▶ 到巴黎时，你可以好好休息一下，如果你能到那里的话。

▶ 你的飞机上没有电台，所以你不用和任何人说话——即使你想呼救的时候也是如此！（最后，有些飞行员因此练就了一番和自己聊天的本领。）

小贴士

　　千万别睡着了，不然你会摔死的。1927年，5名飞行员因尝试此次飞行而不幸遇难。

　　一路上，林德伯格用扇耳光、在座椅上弹跳、把手伸出窗外等多种方式让自己清醒。等到在巴黎着陆后，他急需好好睡一觉。醒来时，他发现自己竟然成了世界巨星，而且红得发紫……

　　▶ 美国政府派了一艘军舰来接他；

　　▶ 美国议会授予他一枚金牌；

　　▶ 他还见到了奥韦尔·莱特。

　　而林德伯格非常谦逊，又彬彬有礼，大家都觉得，他是自有了苹果派和蛋黄派后最好的东西了。

林德伯格这次著名的旅行让飞行变得精彩时尚、无可匹敌。人们纷纷排着长队接受飞行员训练，旅客则排着长队去往由飞行员先驱们开辟的遥远的他方。但是，让载客飞行真正启航的（你懂吗）是一种新型的发动机，这种发动机是史上载人飞机中功率最大的发动机。今天，世界上的大多数客机用的都是这种发动机，让我们现在就"喷"发，去看看这种发动机。

别别别别别啊啊啊啊

　　嗯——这太吵了。你最好戴上一副这个，再往下读……

你说什么？

护耳器

一跃千里的喷气式飞机

如果你曾经坐过飞机，那你坐的很可能就是一架喷气式飞机。下面我们就来讲一讲喷气式发动机是怎么发明的，而它又是如何彻底改变航空业的。首先，让我们看看这种神奇机器的基本原理有哪些……

魔鬼飞行档案

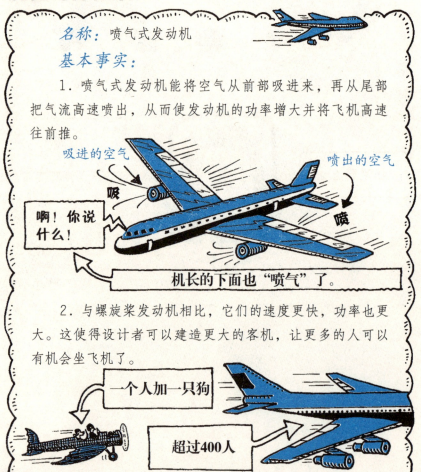

名称：喷气式发动机

基本事实：

1. 喷气式发动机能将空气从前部吸进来，再从尾部把气流高速喷出，从而使发动机的功率增大并将飞机高速往前推。

吸进的空气

喷出的空气

吸

喷

啊！你说什么！

机长的下面也"喷气"了。

2. 与螺旋桨发动机相比，它们的速度更快，功率也更大。这使得设计者可以建造更大的客机，让更多的人可以有机会坐飞机了。

一个人加一只狗

超过400人

细枝"魔"节：

1. 喷气式发动机可能会把鸟吸进去，从而造成设备故障。1960年，一架飞机撞上了一群椋鸟，62人因此在美国波士顿遇难。

2. 今天，测试喷气式发动机时，会用一种特殊的大炮将死鸟发射到发动机里。如果发动机停了，就算没有通过测试。

现在，我猜你肯定在想，到底是谁首先想到发明这种能飞快旋转、超级棒的喷气式发动机的。和我们之前的可怕科学之旅一样，答案简直是一团乱麻。

这个问题还真能把科学家难倒……

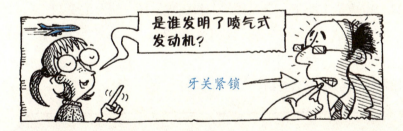

有很多发明家都有过类似的想法，其中一些人甚至设计出了喷气式发动机的样子，也几乎快成功了。我敢打赌，如果他们碰到的话，一定会来一场恶斗，搞明白这个荣誉到底给谁……

艰苦奋斗之喷气式发动机篇

公元 1 世纪 一位英雄的希腊科学家发明了一种机器，它可以被喷射的气流吹得高速旋转。虽然它并不是喷气式发动机，但工作原理是一样的。

1783 年 约瑟夫·蒙特哥菲尔想把气球中的气放出去，让气球可以随着一声巨响嗖地一下飞跑，就像玩具气球一样。但气球里的空气压力不足，真倒霉！

1791 年 发明家约翰·巴伯造了一台使用燃气做动力的发动机，但可用的动力不足。不管怎么样，他原来是想把它用在船上的。

1837 年 乔治·凯利爵士梦想造一台以空气为动力的发动机，但他从未动工。毫无疑问，和往常一样，他太忙了。

所有这些发明家都和一跃千里的喷气式发动机失之交臂，所以让我们"喷"动时间机器，前往 20 世纪 30 年代，看看两名无与伦比的发明家是怎么齐活的……

你肯定不知道！

1929年，当英国发明家弗兰克·惠特尔还在飞行学院学习的时候，他就有了发明喷气式发动机的想法，但他的老师对此不以为然。1936年，惠特尔成立了自己的公司，专门研制最新型的发动机，但英国政府也对他不以为然。直到第二次世界大战爆发，制造高速喷气式战机突然成了一个不错的想法……

巧的是，德国发明家奥海因也在研制喷气式发动机。两位发明家对彼此一无所知，所以我们会把他们的故事分开来讲。

弗兰克·惠特尔的故事

奥海因的故事

时　间
1939年

最后，我国政府订购了一架装有我设计的喷气式发动机的飞机！

最终，我国政府订购了两架装有我设计的喷气式发动机的飞机！

1941年

我的飞机毫无瑕疵。

我的两架飞机完美无瑕。

1944年

啊哈！我的喷气式飞机杀敌神勇，战无不胜。

呃——我的喷气式飞机杀敌英勇，但危机四伏。

万岁！

啊！

一跃千里的喷气式发动机秘史

接下来，让我们揭开喷气式发动机工作原理的绝顶机密，同时再学一个重要的新词。

魔鬼对话

一位科学家说……

我对涡轮很感兴趣。

你会说……

呃——我讨厌汤里有莴苣！

答案

不是，是涡轮，不是莴苣！涡轮是一种类似于风扇的东西，还带几个有角度的桨叶。涡轮可以产生电力，还可以驱动船只，它对于喷气式发动机来说至关重要。

正巧，拉奇博士和旺达·怀给他们的飞机安了一对喷气式发动机。这太方便了，这么说，我们能看到发动机工作时的样子了。呃，我们最好快点儿，福尔摩丝刚起飞……

哇哇哇哇哇！

嗖

喷气式发动机背后的故事

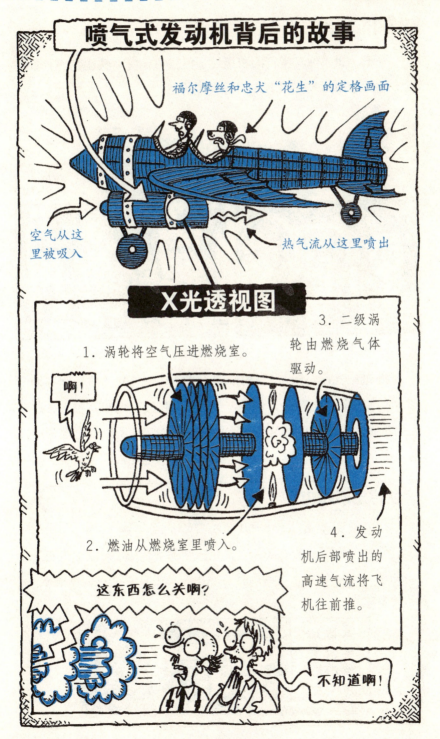

福尔摩丝和忠犬"花生"的定格画面

空气从这里被吸入

热气流从这里喷出

X光透视图

1. 涡轮将空气压进燃烧室。

3. 二级涡轮由燃烧气体驱动。

啊！

2. 燃油从燃烧室里喷入。

4. 发动机后部喷出的高速气流将飞机往前推。

这东西怎么关啊？

不知道啊！

可怕的假期

好吧，如果你对飞行的积极性还没被打消完，就让我们看看喷气式飞机是如何改变旅客的出行方式的吧。

找不同

20世纪20年代

今 天

20 世纪 20 年代，当英国伦敦和德国科隆之间的航线刚开始运营时，飞机上只能容纳 8 名乘客。而且飞机发出的噪声很大，没有人能听到别人说话，同时飞机还晃得天昏地暗，所以乘客都预留有呕吐罐，任其呕吐。哦，是的，那时的飞机上还没有厕所呢！

你肯定不知道！

你肯定在想，在飞机上安装厕所之前，飞行员是怎么度过那些没有厕所的日子的。好吧，他们会憋着，如果憋不住的话……1931年，美国飞行员博比·特劳特是用一个旧咖啡罐解决的。

20世纪50年代，旅客们终于可以乘坐带厕所的大型喷气式飞机轻松出行了，喷气式发动机让飞行变得更加顺畅。但飞行仍是一段历险。你必须是真的勇士，才敢登上一些早期的喷气式飞机……

你能成为科学家吗

1954年，英国研制出了新式彗星喷气式飞机，可它却从空中掉下来，摔个粉碎。

1. 科学家们是如何发现这类飞机失事的原因的？

a）他们又造了一架飞机，坐在新飞机里飞行的时候发现的

b）他们将飞机放到一个巨大的水池里，给它灌满水后发现的

c）他们让一只脾气很臭的大象把飞机给捣毁了，然后再细细勘察

2. 事实证明，问题出在哪儿？

a）机翼只是粘上去的

b）飞机生锈了

c）方形窗户的窗角处出现了裂缝

1. b）飞机的侧面太薄了。喷气式飞机在空气稀薄、阻力相对较小的高空飞行时速度极快，这意味着必须往座舱里充些空气，避免乘客无法喘气或因空气不足而晕倒。

空气压力发生变化时，飞机会变得十分脆弱，科学家通过向飞机增加水压发现了这一点。

但别充太多空气

机长先生，乘客抱怨这里地方太大了。

2. c）最脆弱的地方就是窗户角。

你肯定不知道！

　　现代喷气式飞机要结实多了。比如说，大型喷气式客机的两侧舱壁各有19厘米厚，窗户用的是钢化玻璃，和你的拳头一样厚。

刁难老师

　　轻轻地豰开老师办公室的门。当你的老师出现时，一边甜甜地笑，一边问他……

　　你的老师会生气地告诉你，波音 747 就是大喷。他说得没错，大喷就是波音 747 的绰号。但是你可以说……

到了20世纪70年代，人们对于飞行已经习以为常了。1977年，几乎2/3的美国人在过去的一年里都坐过飞机！航空客流量不断增长。今天，喷气式客机载着全世界数百万旅客到处飞，而且有好几种喷气式发动机可供选择……

▶ 平凡普通的老式涡轮喷气式发动机和福尔摩丝飞机上的发动机一样。

▶ 涡轮风扇发动机，用于大型喷气式飞机。风扇可以将空气抽进发动机，并将一部分空气吹送到燃烧室周围，供燃烧室冷却。

▶ 涡轮螺旋桨或者螺旋桨风扇发动机，是结合了涡轮和螺旋桨的发动机。

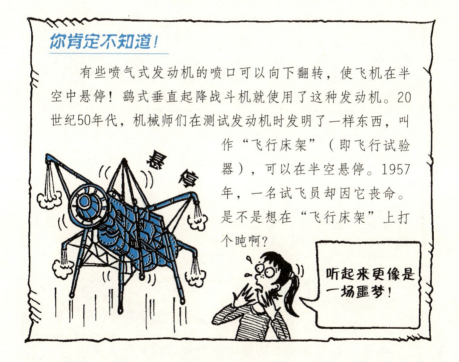

你肯定不知道！

有些喷气式发动机的喷口可以向下翻转，使飞机在半空中悬停！鹞式垂直起降战斗机就使用了这种发动机。20世纪50年代，机械师们在测试发动机时发明了一样东西，叫作"飞行床架"（即飞行试验器），可以在半空悬停。1957年，一名试飞员却因它丧命。是不是想在"飞行床架"上打个盹啊？

听起来更像是一场噩梦！

还是在20世纪70年代，出现了一种新型的飞机。它的飞行速度比声音的传播速度还快，这让大型喷气式客机看起来简直像装了木腿的懒虫。下面这部分内容肯定会让你瞠目结舌的。

魔鬼飞行档案

名称： 超音速喷气式飞机

基本事实：

1. 想象一下，你的老师告诉你可以早点儿回家。实际上，她的声音以1 224千米每小时的速度传到你的耳朵里，而这比班级同学从教室冲出去的速度稍微慢了点儿。

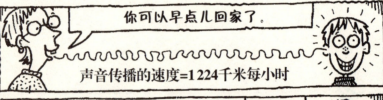

你可以早点儿回家了。

声音传播的速度=1 224千米每小时

课桌　　嗖　　门

跑出教室的速度=1 225千米每小时

2. 时速超过音速的喷气式飞行，它在飞行时的速度甚至比空气在前方闪开的速度还快。空气会在飞机前方筑起一道墙，叫作声障。一旦通过这道墙，飞行就变得更加顺畅了。

准备好，要大爆炸了……

你是说当我们穿过声障的时候产生的声爆吗？

不是，是当你撞上那座山的时候发出的巨大声响。

3. 超音速飞机采用流线型机身，有利于减少阻力。机翼为三角形后掠翼，当它撞上声障的时候就有了一定的角度，而不会直不棱登地撞上去。这会让飞机少些颠簸。

细枝"魔"节：1946年，英国飞行员小杰弗里·哈维兰德在尝试突破声障时不幸遇难，他驾驶的飞机也被撞了个粉碎。第一名成功突破声障的飞行员是美国飞行员查克·耶格尔。

杰弗里·哈维兰德

查克·耶格尔

注意有鸟出没

5. 飞得很快的鸟

我们鹰的翅膀形似喷气式飞机的机翼。

这种形状既可提供升力，又不会带来太大的阻力。

和一些喷气式飞机一样，我可以将翅膀向后收，呈现更大的流线型。

后掠翼

尖形

接着，我以180千米每小时的速度俯冲。好吧，速度并没有喷气式飞机那么快。

啊！但是抓到我已经够用了！

想拥有私人超音速飞机的富得流油的读者们，请注意啦……

市面上能买到的超音速飞机都是军用飞机。你的父母是不会给你买的，因为你可能会用它来夷平学校。

不过你可以让他们看看20世纪70年代生产的一种优质的经典机型。"协和式"飞机是英法联合研制的一种超音速喷气式客机，巧的是，包老实手头就有这样一架飞机……

包老实的飞机产品展销会

"协和式"客机的制造方法不同于以往的飞机。怎么，他们根本造都没造！但是，你怎么也得看看自己付了50 999 999英镑后能得到什么。（把钱装在手提箱里送过来，别问什么奇怪的问题。）

最高速度达到2 333千米每小时。

用太阳中的一种有害射线切割的镀金窗户。

起飞和着陆时机头下垂，让飞行员可以看清前方。

着陆时用来减速的减速伞

我的鼻子没有下垂！

没有水平尾翼

升降副翼综合了副翼和升降舵的机翼

包老实漏掉的几个重要事实

1. "协和式"客机噪声很大，很多国家都对它下了禁飞令。

2. 为了能让飞机安静点儿，它的近地面飞行速度为 800 千米每小时。但这样的话，它的耗油量就比正常喷气式飞机高 8 倍。

天空的美好前景

那么，下一个 50 年，飞行又将如何发展呢？呃，好吧，我非常想给你透露点儿内幕，说说明天的高空飞行器是什么样子。但不幸的是，我没法告诉你，因为我的水晶球碎了……无论如何，飞行的艰苦征程中尽是些令人费解的发明家，他们会突然造出令人难以置信的机器来。

我们可以看看一些最新的、最尖端的机型，它们可能会在未来数年内愈加普及。这些机型采用的是一种被称为复合材料的全新材料。这种材料由两种不同物质组成——碳和凯夫拉尔（一种合成纤维）——非常轻且非常结实，所以它们是飞机设计师的梦想材料……

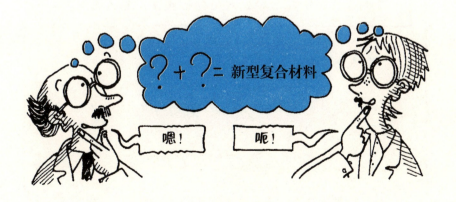

包老实正在售卖飞机，但他刚刚撞到了头，现在他变了一个人……他真的变老实了！

加倍老实的包老实飞机产品展销会

> 小包说的是实话吗？这不太像他啊！
>
> ——包老实的妈妈

这些飞机，老实说，是一笔好买卖（我真的是真心诚意的）。

1. "太阳神"太阳能飞机

请倒吸一口冷气！要是太阳被云遮住了怎么办呢？

▶ 可独立运行，仅靠太阳就可以连续维持数周。

▶ 装有很多太阳能电池，可以利用太阳光产生电能。

▶ 装有很多台发动机，以防有的发动机无法工作。

▶ 翼展达76米，可在最大程度上提供升力。

价格：老实说，我认为你可负担不起。

2. "全球鹰"无人飞机

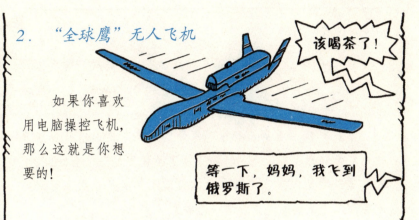

该喝茶了！

如果你喜欢用电脑操控飞机，那么这就是你想要的！

等一下，妈妈，我飞到俄罗斯了。

▶ 你可以在世界的另一头用你的电脑操控飞机。

▶ 飞机上配备的灵敏度超高的间谍相机，可以捕捉到74千米外晾衣绳上你老师的内衣。它是你的专属天空间谍！

▶ 由美国军队使用。

▶ 甚至设有自毁程序。

价格：我会给你我能出的最低价，但还是有点儿太高！

3. "蝉翼信天翁"人力飞机

▶ 由塑料和钢琴丝做的可爱的人力飞机。

大口嚼！嗯，巧克力真好吃。

他正在给发动机加油

▶ 翼展30米，可在最大程度上提供升力。

▶ 由脚蹬为3米长的螺旋桨提供动力。

▶ 只能飞几米高，所以如果它摔下去了，你也不会受伤。

价格：和其他飞机不同……太高了！

你肯定不知道！

1．1979年，自行车冠军布赖恩·亚当斯驾驶"蝉翼信天翁"飞越了英吉利海峡。尽管布赖恩累得腿都抽筋了，电台也坏了，但坚强的布赖恩还是成功做到了。

2．9年后，希腊自行车冠军坎内罗斯·坎内洛普罗斯驾驶一架类似的飞机从克利特岛飞到了圣托里尼岛，全程120千米。勇敢的坎内洛普罗斯在风的帮助下完成了此次飞行，但就在离岸边不远的地方扑通一下掉到了海里。

是的，人类终于实现了人力飞行的终极梦想。但是，等等……有一个人从克利特岛飞走了？这难道不是艰苦卓绝的飞行之路开始的地方吗？

谢谢你提醒我！

尾声：命中注定的飞行

1785 年，当雅克·查理乘坐氢气球腾空时，年迈的智者——美国科学家本杰明·富兰克林站在人群中。他旁边的人问他："这玩意儿有什么用？"

富兰克林回答说……

不，傻瓜！富兰克林不是在将飞行与嗷嗷待哺、鼻涕横流的婴儿相提并论。他是说，飞行就像婴儿一样，开启了人类历史上一段新鲜而刺激的旅程，而它还会不断成长。没错，它还是个小孩子呢！

事实证明，人类要飞上天空的历程是世界历史上最成功的故事。它在转瞬间改变了无数人的生活……

▶ 第一架采用发动机作动力的飞机在 1903 年进行了首飞。44年后，人类比声音飞得还要快。而这一切都发生在人类短暂一生的时间里。

▶ 只有 5 个人看到了"飞行者"1 号的首次飞行。当时除了两根价值 5 美元的铁轨外，根本没有什么机场。

▶ 今天，机场遍布全球各个角落。有些机场的面积甚至比一些小国家的面积还要大。

▶ "飞行者" 1 号飞得还没有相思鹦鹉高，也没有参加赛车比赛的自行车快。

突突突突 突

扇 扇 扇

但是比乌龟要高、要快　吱呀吱呀

▶ 今天，飞得最快的飞机可以以步枪子弹的速度在空中极速上升 16 千米。2004 年，美国科学家测试了一架无人机，其飞行速度可以达到声速的 7 倍。

受不了了！

▶ "飞行者" 1 号加上飞行员的重量还不到 338 千克。到 2009 年，一架满载的 A380 空中客车飞机的重量大约是 "飞行者" 1 号的 1 900 倍，其中包括 800 多名乘客。

▶ 1903 年，大多数信件都由喘着粗气的老马拉的马车传递。今天，信件可以发送到地球上的各个角落，航空信件几天就可以到达。而且信件可以到的地方，人也可以到。

关于飞机的好消息

1. 飞机让无数人有机会探访新世界，并与其他国家的人交朋友。
2. 飞机为灾区饥饿和患病的人们带去食物和药品。

3. 飞机让科学家有机会从空中俯视并研究岩石、高山、野生动物和污染问题。说到飞行能做的事情，目前只局限在空中。

关于飞机的恐怖消息

1. 当坐飞机的人变得越来越多时，机场也变得人满为患。

2. 如今，飞机的噪声越来越大，污染也更为严重，等待着陆时撞机的危险也更大。

3. 飞机用轰炸结束了成千上万人的生命。

4. 人们为了飞行，付出了惨痛的代价，我说的不是你的父母为了买机票而掏出的大把钞票。专家认为，即使在"飞行者"1号首飞之前，已经有约200人因尝试用怪里怪气的翅膀、疯疯癫癫的气球和险象丛生的滑翔机飞行而丧命。

那么，为了飞行而努力奋斗值得吗？所有的眼泪和痛楚都值得吗？你认为呢？有一件事是肯定的：这些是注定要发生的。毕竟，追逐梦想、圆飞天之梦是人类的本性。祝大家恐怖之旅一路顺风！

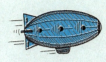

鏖战飞行训练营

现在看看
你是不是一名
鏖战飞行的专家！

终于可以把呕吐袋放下来了。毫无疑问的是，你一定对那些乘坐飞行器的牛人们赞叹不已，还会对那些一头从天上栽下来的、毫无希望的倒霉蛋们感到叹息。但在面对难题的时候，你是直上云霄，还是一头栽倒在地？测试时间到了！

挑战死亡的飞行真相

正如很多脑残人士所发现的一样，要想让飞机飞上天，需要做的远不止将两个大发动机绑在飞机上，再把飞机从最近的悬崖上推下去那么简单。开动脑筋，答一答下面这些问题，看看你是否掌握了飞行的基础知识……

1. 1973 年，一架飞机在 11 300 米的高空撞到了一只鸟。那只带羽毛的朋友是什么鸟？（提示：它们通常是会待在地面上，吃动物的尸体。）

2. 福尔摩丝先生在翻筋斗的时候，"回味"了他的午餐。是什么力将他的呕吐物抛向地面的？（提示：是同一种重要的"黏合剂"将你粘在地面上的。）

3. 世界上每架能待在空中的飞机都要感谢空气中千千万万的、看不见的小小原子团。它们叫什么？（提示：想一个带"分"字的词，就差不多了！）

4. 是哪种神奇的力量将飞机的飞行速度降下来了？（提示：它不可阻挡。）

5. 回旋镖在空中飞行的时候很轻松——澳大利亚原住民还用回旋镖来做什么？（提示：回旋镖的边缘很尖，用起来很方便。）

6. 狡猾的波斯王凯·卡乌斯当初做了什么手脚，让王冠飞起来了？（提示：长着一对鹰眼的读者会答对的！）

7. 飞碟能够滑翔，多亏了什么力之差？（提示：没有压力——可以永远飞！）

8. 是什么巨大的东西重量超过 50 兆亿吨？（提示：你都看不见它。）

答案

1. 秃鹫；
2. 重力；
3. 分子；
4. 阻力；
5. 切割猎物；
6. 他把王冠的每个角都系到了鹰身上；
7. 空气压力；
8. 笼罩地球的全部空气。

呦嗬，我飞起来了！

类鸟人和降落伞

如果你想建造一架人力飞机与鸟儿共翱翔，你该怎么计划你的旅行呢？你能和它们飞得一样高吗？还是会掉到地上，把屁股颠到麻木？

1. 马姆斯伯里的奥利弗于 1029 年从马姆斯伯里教堂屋顶跳了下去，结果摔断了腿。他为什么认为他的鸟服失败了？

    a）缺少有羽毛的尾巴

    b）衣服是用奶酪做的

    c）是他大意了，没穿好衣服

2. 1503 年，当乔瓦尼·巴蒂斯·但丁毫发无伤地完成湖面滑翔后，他是怎么庆祝的？

    a）虽然没成功，但他试着飞向太空

    b）他从佩鲁贾大教堂跳了下去，然后摔到了地上

    c）他与猴子生活在一起，并成了人猿之王

3. 1742 年，马奎斯·贝克威尔尝试飞越巴黎塞纳河，但失败了，他撞到了什么？

    a）一个洗衣妇又脏又旧的驳船上

    b）不幸的鸭子一家

    c）埃菲尔铁塔

4. 风筝的尾巴对它的飞行有何帮助？

a）它能给风筝提供更多的升力

b）它有利于放风筝的人集中精力放风筝

c）它能使风筝保持平稳

5. 心灵手巧的中国士兵在 2000 年前就发明了载人风筝。他们用风筝来做什么？

a）向敌人投放臭气弹

b）刺探敌情

c）预报天气

6. 下面哪位艺术家参与了降落伞的发明？

a）杰克逊·波洛克

b）"可怕的科学"超级涂鸦作者托尼·德·索雷斯

c）达·芬奇

7. 1781 年，让·皮埃尔·布兰查德发明了一架相当特别的飞行器。是什么东西让它显得十分特别？

a）上面有音乐家演奏疗伤乐

b）给每名乘客一只暖脚狗

c）内置蹦极项目

8. 约瑟夫·蒙特哥菲尔为了测试一种早期降落伞，把一种动物从塔顶高抛出去。他抛的是哪种动物？

a）一只受惊的雪貂

b）一只吓呆了的豪猪

c）一只吓坏了的羊

又疯又傻的飞行员先驱们

　　不要问我们是怎么做到的，但我们成功地招到了一些著名发明家的魂，让他们给我们讲讲他们梦想中的超炫飞行器。这部分有点儿难，但给他们的发明贴上标签就简单多了——这就是你要做的！

　　1. 正是烟囱里冒出来的热火花首先给了我利用热气控制升力的想法。我的丝绸发明物就像一个梦，法国国王路易十六为我提供资金，让我继续研究下去。

　　2. 在我的有生之年，我很幸运地想出了一个很棒的点子，给雪茄形状的气球装上一台小型发动机。结果，它却没能飞起来，因为发动机弱得不行，我的机器被吹了回来。

　　3. 大家好，我的名字叫奥托·李林塔尔，和我的铁哥们儿珀西·皮尔彻一样，我成功地建造了一架没有发动机的飞机形状的飞行器。它是怎么飞的？它能在上升的热气团上滑翔，这种热气团叫热气流。

4. 我是威尔伯·莱特，我的弟弟是奥韦尔·莱特。我比那些在天际滑翔的人又迈进了一步。我们兄弟二人的计划就是为飞行器装一台发动机，这个结果改变了世界！

5. 我，康特·詹尼·卡普里奥尼·塔里艾多，借用了莱特兄弟的神奇机器，并于1921年在它下面安上了水橇。这样一来，我的九翼飞机就可以在水上起降了。

6. 人们说达·芬奇、古代中国人，甚至是托马斯·爱迪生发明了飞机，可我才是第一个给飞机顶上加上旋翼，还能让飞机飞起来的人。我是个聪明的老家伙！

7. 毋庸置疑！就是我，弗兰克·惠特尔，第一个想要建造超敏捷飞机的人。这种飞机的发动机可以从前部吸入空气，然后挤压空气，使之与燃油燃烧，最后用极快的速度将其强制从尾部喷出。

8. 我是法国机械师中的一员，我与我们的英国朋友，共同造了一架据说是飞行史上最漂亮的飞机。我们的飞机圆滑而流畅，且速度超过了声速，甚至可以在起飞和着陆时垂下机头。

答案

1. 热气球；
2. 飞艇；
3. 滑翔机；
4. 首架动力飞机；
5. 水上飞机；
6. 直升机；
7. 喷气式飞机；
8. "协和式"飞机。

比飞机还飞机的飞机

下面是空战王牌巴伦·冯·利珀奎弗在他刚开始上飞行课时做的笔记。其中有些词看不清了，你能给补上吗？

为了不让自己栽到地上，成为小狗的盘中餐，我需要快速掌握几项基本的飞行操纵技巧！1._____，位于飞机的尾部，左右移动，可以通过2._____蹬控制。

我的高度——不是我的身高，而是飞机的高度，在3._____上显示，4._____可以显示速度，我可以通过控制5._____来控制速度。6._____杆可以移动副翼和升降舵——尽管我还不是很确定它们是做什么的！

当我落到地面时，机翼上的7._____会立刻帮我减速。最后，一定不能忘了用我的8._____帮我颤颤悠悠地停下来。

a）高度表

b）油门

c）刹车

d）方向舵

e）襟翼

f）速度表

g）驾驶

h）脚

灯笼裤

我是不会重蹈覆"裙"的！

一跃千里的喷气式飞机

自从20世纪50年代以来，喷气式飞机就在我们上空呼啸而过，以普通飞机双倍的速度将我们带到遥远的他乡（并让我们中的很多人在旅途中呕吐晕机）。下面这些关于空中巨兽的表述中，哪些是对的，哪些不是呢？

1. 测试喷气式发动机时，会用一门特殊的大炮将死鸟射进发动机。

2. 回到20世纪20年代，飞机还很不安全，乘客必须在飞机升空前戴好降落伞。

3. 一些喷气式发动机可以固定在飞机上，使其像直升机一样在半空悬停。

4. 音爆是喷气式飞机上冲厕所的声音。

5. "协和式"客机速度特别快，并装有用于减速的减速伞。

6. 现在大型喷气式客机的窗玻璃都有拳头那么厚。

7. 实际上，最大的大型喷气式客机可容纳超过1 000名乘客。

8. 喷气式飞机必须灌满空气，以防乘客窒息。

答 案

    1. 对。如果飞行时有鸟飞到喷气式发动机里，就会造成严重事故。

　　2. 错。当时在飞行过程中只是摇晃得很厉害，不过乘客都备有呕吐罐。

　　3. 对。军用飞机，也就是鹞式喷气式飞机就可以做到。

　　4. 错。音爆是飞机穿越声障时发出的声音。

　　5. 对。

　　6. 对。但是，最好不要试图打开那种窗户。

　　7. 错。一架A380客机也只能容纳800多名乘客。

　　8. 对。在这些大型喷气式客机飞行的高度上，空气十分稀薄，容易让人眩晕。

"经典科学" 系列（26册）

肚子里的恶心事儿
丑陋的虫子
显微镜下的怪物
动物惊奇
植物的咒语
臭屁的大脑
神奇的肢体碎片
身体使用手册
杀人疾病全记录
进化之谜
时间揭秘
触电惊魂
力的惊险故事
声音的魔力
神秘莫测的光
能量怪物
化学也疯狂
受苦受难的科学家
改变世界的科学实验
魔鬼头脑训练营
"末日"来临
鏖战飞行
目瞪口呆话发明
动物的狩猎绝招
恐怖的实验
致命毒药

"经典数学" 系列（12册）

要命的数学
特别要命的数学
绝望的分数
你真的会＋－×÷吗
数字——破解万物的钥匙
逃不出的怪圈——圆和其他图形
寻找你的幸运星——概率的秘密
测来测去——长度、面积和体积
数学头脑训练营
玩转几何
代数任我行
超级公式

"科学新知" 系列（17册）

破案术大全
墓室里的秘密
密码全攻略
外星人的疯狂旅行
魔术全揭秘
超级建筑
超能电脑
电影特技魔法秀
街上流行机器人
美妙的电影
我为音乐狂
巧克力秘闻
神奇的互联网
太空旅行记
消逝的恐龙
艺术家的魔法秀
不为人知的奥运故事

"自然探秘" 系列（12册）

惊险南北极
地震了！快跑！
发威的火山
愤怒的河流
绝顶探险
杀人风暴
死亡沙漠
无情的海洋
雨林深处
勇敢者大冒险
鬼怪之湖
荒野之岛

"体验课堂" 系列（4册）

体验丛林
体验沙漠
体验鲨鱼
体验宇宙

"中国特辑" 系列（1册）

谁来拯救地球